Amelia Carolina Sparavigna

Politecnico di Torino

Gabrio Piola e il suo Elogio di Bonaventura Cavalieri

LULU, Torino, 2013

In copertina: Giovanni Antonio Labus, Monumento al matematico Bonaventura Cavalieri, firmato e datato 1844, nel Cortile del Palazzo di Brera a Milano. Foto di Giovanni Dall'Orto, detentore del copyright.

ISBN: 978-1-291-29856-7
Editore: Lulu
Detentore dei diritti: Amelia Carolina Sparavigna
Copyright: © 2013 Standard Copyright License
Lingua: Italiano
Paese: Italia

Introduzione

1844. In una Milano che è sotto il controllo austriaco, si tiene il Sesto Congresso Scientifico Italiano. Gabrio Piola, dell'Istituto Lombardo di Scienze, Lettere ed Arti, matematico e studioso della meccanica del continuo, è incaricato di scrivere e leggere l'elogio di un grande scienziato italiano. E' Bonaventura Cavalieri, matematico e fisico del XVII secolo, allievo e amico di Galileo Galilei. Questo libro propone la lettura del suo elogio. E' una lettura interessante perché ci mostra il ritratto di un insigne studioso italiano, attraverso le parole di un altrettanto insigne studioso della meccanica del continuo, che si rivela impareggiabile storico della scienza.

Nella prima parte del testo seguente si parlerà di Gabrio Piola e dello studio della meccanica ai suoi giorni. La seguente sezione proporrà un breve panorama, storico e politico, dell'epoca dell'Elogio, che sarà poi seguita da una breve descrizione della Milano e dell'Italia del XVII secolo. Prima dell'elogio vero e proprio, si discuteranno la teoria degli indivisibili di Cavalieri e la relativa influenza per la successiva matematica e fisica del XVIII secolo. Si parlerà anche dell'interesse del Cavalieri per la scienza nell'antichità classica, in particolare per l'ottica degli specchi parabolici.

L'Elogio, abbastanza breve, fu corredato dal Piola nella sua versione stampata di molte note contenenti citazioni e lettere inedite di Cavalieri. Il libro, stampato a Milano da Giuseppe Bernardoni, contiene inoltre diverse postille matematiche di Piola a illustrare la matematica del Cavalieri.

Nel testo seguente sarà riportato interamente l'Elogio, e poi si riporteranno alcune delle note di Piola per intero. Tra le postille matematiche, ho scelto proprio quella sullo specchio parabolico, per esaltare l'interesse che aveva il Cavalieri per il mondo antico.

Amelia Carolina Sparavigna, Torino, 21 Gennaio 2013.

Indice

1. Gabrio Piola, pag.5
2. La Lombardia di Piola, pag.8
3. La Milano e l'Italia di Cavalieri, pag.11
4. Bonaventura Cavalieri e gli indivisibili, pag.13
5. Il congresso scientifico a Milano del 1844, pag.18
6. L'Elogio di Bonaventura Cavalieri, pag.23
7. Le Note di Piola all'Elogio, dalla (1) alla (13), pag.44
8. La Nota (14) sullo specchio di Tolomeo, pag.48
9. La Nota (15) e il vaso idracontisterio, pag.50
10. Le Note dalla (16) alla (21), pag.52
11. La Nota (22) su describendi parabolam modus e sulla spirale archimedea, pag.53
12. Le Note dalla (23) alla (32), pag.58
13. La Nota (33): Differenziali e Flussioni, pag.60
14. Le Note dalla (34) alla (35), e ancora sugli indivisibili, pag.62
15. La Nota (56): le opere minori del Cavalieri, pag.66
16. Lo Specchio Ustorio (1632), pag.73
17. La Postilla matematica di Piola sullo Specchio Ustorio, pag.75
18. Conclusioni, pag.79

Gabrio Piola

Gabrio Piola, nato a Milano nel 1794 e morto a Giussano nel 1850, è stato un matematico e un fisico, membro dell'Istituto Lombardo di Scienze, Lettere e Arti. Piola studiò in particolare la meccanica del continuo legando il suo nome ai tensori detti di Piola-Kirchhoff.

Il Conte Piola era nato il 15 Luglio del 1794 da nobile e ricca famiglia. Inizialmente studiò a casa e poi al liceo locale. Data la sua spiccata attitudine in matematica e fisica, inizia a studiare matematica all'Università di Pavia, come alunno di Vincenzo Brunacci[1], ottenendo il dottorato, il 24 Giungo del 1816. Non seguì la carriera accademica, anche se gli avevano offerto la cattedra di Matematica Applicata a Roma; preferì dedicarsi all'istruzione privata. Un suo alunno fu Francesco Brioschi, che divenne professore di Meccanica Razionale a Pavia e Presidente dell'Accademia dei Lincei.

Le ricerche di matematica e meccanica di Piola iniziarono nel 1824, vincendo un concorso, e relativo premio, dell'Istituto Lombardo di Milano, con un lungo articolo sulla meccanica di Lagrange. Le sue ricerche di matematica contribuirono al calcolo delle differenze finite e al calcolo integrale, mentre in meccanica si dedicò alla meccanica del continuo e all'idraulica.

Fu anche editore di un giornale, Opuscoli matematici e fisici, di cui furono pubblicati solo due volumi. Comunque, questo

---

[1] Vincenzo Brunacci (Firenze, 1768 – Pavia, 1818) è stato un matematico italiano. Studiò a Pisa medicina, astronomia e matematica. Nel 1788 iniziò l'insegnamento matematico presso l'Istituto della Marina di Livorno. Nel 1796, quando Napoleone entrò in Italia, aderì al nuovo ordine. In seguito alla reazione austriaca si trasferì in Francia tra il 1799 e il 1800. Al rientro ottenne una cattedra presso l'Università di Pisa. Nel 1801 si trasferì all'Università di Pavia e ne divenne rettore. Furono suoi allievi, oltre al Piola, Antonio Bordoni e Ottaviano Fabrizio Mossotti. Collaborò con l'amministrazione pubblica, nel 1805 nella Commissione per il progetto del Naviglio Pavese e l'anno seguente come Ispettore di Acque e Strade. Nel 1809 entrò a far parte della Commissione per il nuovo sistema di misure e pesi e dal 1811 fu ispettore generale della Pubblica Istruzione per tutto il Regno di Italia.

giornale fu il mezzo per presentare le teorie di Cauchy in Italia: in effetti, il giornale conteneva alcuni dei lavori fondamentali di Cauchy, tradotti dal francese all'italiano. Il conte Piola fu anche una persona di gran cultura e si dedicò allo studio di storia e filosofia: tra i frutti dei suoi studi vi è lo scritto su Bonaventura Cavalieri.

Fu membro di molte società, tra le quali la Società italiana delle scienze, e dal 1825 fece parte dell'Accademia romana di religione cattolica. In effetti, Piola era un cattolico fervente, come lo era anche Cauchy. Per quest'ultimo Piola fu un punto di riferimento per il suo soggiorno in Italia dal 1830 al 1833. Piola inoltre insegnò religione per ventiquattro anni in una parrocchia di Milano e fu amico di Antonio Rosmini[2], il più importante esponente a quel tempo della spiritualità cattolica.

Tornando all'ambito culturale di Piola, si deve dire che all'inizio del XIX secolo, lo stato della meccanica teorica e della scienza in generale non era molto brillante. La produzione scientifica italiana soffriva di un certo isolamento culturale, ad eccezione dei contatti di alcuni scienziati italiani dell'Italia settentrionale con la vicina scuola francese.

Una vigorosa discussione era nata in Francia e nel resto d'Europa, ispirata dalla pubblicazione della Méchanique analitique di Lagrange nel 1788. Dopo l'opera di Lagrange, lo studio della meccanica prese due direzioni. Una di queste portò agli inizi del 1820 ai lavori di Navier e Cauchy, e successivamente generò il legame della meccanica con la nuova disciplina della termodinamica. L'altra direzione portò

---

[2] Antonio Rosmini (Rovereto, 1797 – Stresa, 1855) è stato un filosofo e sacerdote italiano. Era il secondogenito dei Conti Formenti di Biacesa in Val di Ledro, allora facente parte dell'Impero Austro-ungarico. Terminato il ginnasio di Rovereto compì gli studi giuridici e teologici presso l'Università di Padova e ricevette a Chioggia, nel 1821 l'ordinazione sacerdotale. Dal 1826 si trasferì a Milano, dove strinse profonda amicizia con Alessandro Manzoni. Nel 1828, dopo aver dovuto lasciare il Trentino, per una forte ostilità da parte del vescovo di Trento per le sue posizioni anti-austriache, fondò la famiglia religiosa dei Rosminiani approvata dal papa nel 1839. A Borgomanero svolse la sua attività di insegnamento nel "Collegio Rosmini".

all'approccio di Hamilton e Jacobi nella prima metà del diciannovesimo secolo.

Gli italiani contribuirono solo marginalmente a questa discussione, come si può vedere dai contributi che si trovano sui giornali più importanti, quali le Memorie di matematica e fisica della Società italiana delle scienze, le Memorie dell'Istituto nazionale italiano e le Memorie dell'Istituto lombardo. Vittorio Fossombroni, Michele Araldi e Girolamo Saladini cercarono di provare il principio dei lavori virtuali senza conoscere i risultati della scuola francese. Gregorio Fontana propose degli studi basati sulla meccanica del secolo precedente. Dal 1790 al 1794 Antonio Maria Lorgna e nel 1811 Paolo Delanges presentarono articoli sull'elasticità interessanti per le applicazioni contenute ma non rilevanti teoricamente. Anche Pietro Ferroni presentò il suo punto di vista sui principi della meccanica.

Per tanti matematici e fisici Italiani, la modernità della meccanica era rappresentata da Lagrange. Una ragione era che Lagrange era ancora considerato come uno scienziato italiano, anche se aveva lasciato Torino nel 1766, per via del periodo storico e politico durante il quale si andava risvegliando un sentimento nazionale. Vincenzo Brunacci, che era uno dei massimi estimatori delle idee di Lagrange, trasmise quest'amore per Lagrange ai suoi allievi, tra cui vi erano Ottaviano Fabrizio Mossotti (1791–1863), Antonio Bordoni (1788–1860) e Gabrio Piola.

Sebbene Gabrio Piola sia stato uno dei più brillanti matematici e fisici italiani, si conosce poco della sua vita e del suo lavoro. Comunque il suo nome è ben noto perché appare in molti testi della meccanica del continuo, associato a due tensori che descrivono lo sforzo in un punto di un corpo soggetto a deformazioni finite.

- Danilo Capecchi, History of Virtual Work Laws: A History of Mechanics Prospective, Springer, Mar 2, 2012 - Technology & Engineering
- Danilo Capecchi e Giuseppe Ruta, Piola's contribution to continuum mechanics, Archive for History of Exact Sciences, July

2007, Volume 61, Issue 4, pp 303-342
- Danilo Capecchi e Giuseppe Ruta, Gabrio Piola e la meccanica del continuo, in La scienza delle costruzioni in Italia nell'Ottocento, UNITEXT 2011, pp 83-116.

La Lombardia di Piola

La Lombardia della maturità di Piola è quella del Regno del Lombardo-Veneto. Questo Regno fu uno stato dipendente dall'Impero Austriaco, voluto dal cancelliere Klemens von Metternich, con la Restaurazione seguita al crollo dell'impero Napoleonico, come sancito nel 1814 dal Congresso di Vienna. Il Lombardo-Veneto perse quasi tutta la Lombardia nel 1859, quando essa fu annessa allo stato Piemontese al termine della seconda guerra d'indipendenza italiana. Il regno cessò di esistere solo nel 1866 con l'annessione del Veneto, di Mantova e del Friuli al Regno d'Italia come sancito dal Trattato di Vienna del 3 ottobre.

Il nome "Regno Lombardo-Veneto" fu scelto perché gli austriaci non vollero conservare il nome di "Regno d'Italia" scelto da Napoleone. E poiché non esisteva alcun termine per definire unitariamente i due territori, si preferì pronunciarne entrambi i nomi. Dopo il congresso di Vienna, l'Austria poté riannettere, sotto il suo governo, i territori che le appartenevano da lunga data per dominio diretto o indiretto, come l'antico Ducato di Milano e il connesso Ducato di Mantova. L'antica Repubblica di Venezia, di cui l'Austria vantava un diritto che risaliva al Trattato di Campoformio (1797), fu ottenuta a fronte della rinuncia ai diritti dinastici degli Asburgo sui Paesi Bassi cattolici (l'attuale Belgio). Sull'utilità dello scambio, Carlo Cattaneo così argomentò, che dal Lombardo-Veneto Vienna traeva *un terzo delle gravezze dell'impero, benché facessero solo un ottavo della popolazione.*

L'Austria riorganizzò l'amministrazione del Regno con una capitale e due governi. Il Regno fu affidato a Francesco I, Imperatore d'Austria e re del Lombardo-Veneto. Il re e imperatore avrebbe governato attraverso un Viceré, con residenza a Milano e a Venezia. Lombardia e Veneto ebbero ciascuna un governo affidato a un Governatore, e distinti organismi amministrativi. Le competenze del Governatore e del suo Consiglio di Governo riguardavano: censura, amministrazione generale del censo e delle imposizioni scuole, lavori pubblici, nomine e controllo delle Congregazioni Provinciali. Il governatore comandava l'esercito imperiale stanziato nel Regno, che si sarebbe occupato a tutti gli effetti dell'ordine pubblico. L'amministrazione finanziaria e di polizia però era attribuita direttamente al governo Imperiale a Vienna, che agiva attraverso un funzionario che si occupava della zecca, del lotto, dell'intendenza di finanza, dei sali e tabacchi e dei bolli, della stamperia reale, della ragioneria e della Direzione generale della Polizia. Tutte le alte cariche del Regno erano naturalmente di nomina regia, mai elettive. Esse erano in gran parte affidate ad austro-tedeschi.

Al patriziato locale italiano restava quindi il governo secondario delle Congregazioni Provinciali e Municipali. Le Congregazioni Municipali si curavano della manutenzione di strade, edifici comunali e chiese, degli stupendi dei propri dipendenti e della polizia locale. Sempre agli italiani era riservata la direzione dei teatri come quello alla Scala di Milano o La Fenice di Venezia. Dato che i teatri erano degli importanti mezzi di comunicazione per l'epoca, la direzione italiana permise che filtrassero dei messaggi patriottici per la liberazione d'Italia, che videro impegnato in particolare Giuseppe Verdi.

In effetti, il potere del regno era in mano al governo viennese, sotto predominio austro-tedesco. Non era quindi un regno realmente autonomo; era anzi un notevole peggioramento rispetto al Regno d'Italia, che era sì un protettorato di Parigi, ma aveva un'amministrazione autonoma e quasi totalmente nazionale. Aveva anche un esercito nazionale, con numerosi ufficiali lombardi e veneti. Il governo austriaco era un governo efficiente, che però non concedeva quei diritti di cui avevano goduto in precedenza la Lombardia e il Veneto. Non c'era neppure la possibilità che tali diritti fossero recuperati attraverso un processo costituzionale. Queste considerazioni furono alla base di un'instabilità politica in cui visse il Regno, in sostanza già dalla sua istituzione, e della disponibilità della popolazione e delle élite a sostenere le guerre d'indipendenza. Alla fine, nel 1848, Milano si ribellò con l'insurrezione delle Cinque Giornate.

Il 22-23 marzo 1848, al termine delle Cinque Giornate gli Austriaci furono cacciati da Milano e da Venezia. I due Consigli di Governo furono sostituiti dall'auto-proclamato Governo provvisorio di Milano e dalla restaurata Repubblica di San Marco. Con l'Armistizio di Salasco del 9 agosto 1848, dopo la sconfitta dei piemontesi a Custoza, Milano venne rioccupata dagli austriaci ed il Governo Provvisorio di Lombardia venne sciolto. Nel 1849, dopo la sconfitta di Novara, Carlo Alberto abdicò in favore di Vittorio Emanuele II. Il successivo 24 agosto, dopo un lungo assedio, Venezia si arrese agli Austriaci. Dieci anni dopo, nel 1859, venne stabilito dal Trattato di Zurigo al termine della Seconda guerra d'Indipendenza, che la Lombardia passasse al Piemonte.

Prima di leggere l'elogio di Gabrio Piola del 1844 del Cavalieri, vediamo chi era questo matematico, che cosa aveva scoperto e quale era l'Italia della sua epoca.

Per maggiori dettagli sul Regno del Lombardo – Veneto, si consulti Wikipedia, http://it.wikipedia.org/wiki/Regno_Lombardo-Veneto e relativi riferimenti

La Milano e l'Italia di Cavalieri

Bonaventura Cavalieri visse nella prima metà del XVII secolo. Nacque in Milano intorno al 1598, in quello che era il Ducato di Milano (1395-1797), antico Stato dell'Italia settentrionale che comprendeva, al momento della sua costituzione, gran parte dell'attuale Lombardia e porzioni del Piemonte, del Veneto, dell'Emilia – Romagna e Toscana, oltre a aree che ora appartengono alla Svizzera.

Il Bonaventura Cavalieri nacque quindi nel "periodo spagnolo" (1535 - 1706) del Ducato, iniziato quando l'imperatore Carlo V d'Asburgo, che dopo aspra contesa con la Francia, ottenne il controllo del Ducato e vi installò il figlio Filippo. Il possesso del Ducato da parte di Filippo d'Asburgo fu riconosciuto dalla Corona francese nel 1559, con la Pace di Cateau-Cambrésis. Il Ducato di Milano rimase soggetto ai sovrani spagnoli sino all'inizio del XVIII secolo. In questo periodo la sua capitale divenne, con Carlo e Federico Borromeo, uno fra i principali centri della Controriforma in Italia.

Durante il governo spagnolo, Milano sprofondò nell'abbandono e nel degrado. Il governo spagnolo trattava i suoi sudditi milanesi con imposte e gabelle eccessive. C'erano tasse sulla famiglia, sulla farina, sull'olio, sui cereali, sul vino, sulle proprietà, sulle vendite, sul reddito, sulle attività commerciali e sulla legna. Le milizie spagnole si preoccupavano solamente di reprimere i malcontenti invece che la delinquenza.

La giustizia inoltre era spietata con i più umili, mentre ambasciatori e i consoli godevano della più totale immunità e l'Inquisizione faceva la sua parte. La peste colpì Milano nel 1630 ed è quella descritta da Alessandro Manzoni nei Promessi Sposi. Forse la valutazione del "periodo spagnolo" è stata molto influenzata dalla percezione negativa di questo periodo che viene dal romanzo del Manzoni. E' però certa la decadenza economica che colpì il Ducato, in particolare dall'inizio del XVII secolo, decadenza che si manifestò, con forme e dimensioni diverse, nell'Italia intera. Inoltre il declino economico del Milanese, e in generale di tutt'Italia fu forte ed evidente solo dopo il 1620, ovvero dopo quasi un secolo dall'inizio della dominazione spagnola.

Oltre al Ducato di Milano, L'Italia del XVII secolo è frazionata in Repubblica di Venezia e di Genova, Ducati di Savoia, Parma, Modena, Firenze, Stato della Chiesa, e Regni di Napoli, Sicilia e Sardegna (sotto il dominio della Spagna).

DIRECTORIVM
GENERALE
VRANOMETRICVM
In quo
TRIGONOMETRIÆ LOGARITHMICÆ FVNDAMENTA,
ac Regulæ demonstrantur, Astronomicæq; supputationes
ad solam ferè vulgarem Additionem reducuntur.

Opus vtilissimum Astronomis, Geometris, Arithmeticis, Perspectiuis, Architectis, præcipuè Militaribus, Mechanicis, Geographis, nec non ipsis Philosophis Naturalibus,

AVTHORE FR. BONAVENTVRA CAVALERIO MEDIOLANENSI
Ordinis IESVATORVM S. HIERONYMI, Priore Titulari,
AC IN ALMO BONONIENSI GYMNASIO
Primario Mathematicarum Professore.

AD ILLVSTRISSIMOS, ET SAPIENTISSIMOS
SENATVS BONONIENSIS
QVINQVAGINTA VIROS.

BONONIÆ. Typis Nicolai Tebaldini. M DC XXXII.
Superiorum Permissu.

Bonaventura Cavalieri e gli indivisibili

Nato a Milano intorno al 1598, Bonaventura Cavalieri vestì l'abito dei Gesuati nel 1615. Nel 1616 si trasferì a Pisa, dove divenne allievo di Benedetto Castelli, che lo presentò a Galileo. Dal 1626 si trasferì a Roma. Da Roma, nel 1628, con l'aiuto di Galileo, Bonaventura si spostò a Bologna, dove si era resa vacante una cattedra per la morte di Giovanni Antonio Magini (1555-1617). Al Senato bolognese dedicò le sue tavole logaritmiche stampate col titolo Directorium generale uranometricum (Bologna, 1632), alle quali fece seguire Lo specchio ustorio, overo trattato delle settioni coniche (Bologna, 1632).

Nell'opera Geometria indivisibilibus continuorum nova quadam ratione promota (Bologna, 1635), con l'uso degli "indivisibili" anticipò il calcolo infinitesimale e ebbe la trovata di genio di applicare il metodo alla spirale di Archimede. Benché Galileo fosse amico di Bonaventura, non poté concentrarsi sull'opera del matematico milanese, perché in quegli anni era stato condannato dall'Inquisizione.

Entrato in polemica con Paolo Guldino[3], che lo criticava per aver pubblicato i risultati senza appigli sufficienti, Cavalieri gli rispose con la Trigonometria plana e sphaerica linearis et logaritmica (Bologna, 1643) e con la Exercitationes geometricae sex (Bologna, 1647).

Il metodo degli "indivisibili" è un procedimento introdotto dal Cavalieri per il calcolo di aree e volumi. Questo metodo è

---

[3] Paolo Guldino (nome originale Habakkuk Guldin) (Mels, 1577 – 1643) è stato un matematico e astronomo svizzero. A lui si devono i teoremi di Pappo-Guldino, che consentono di determinare la superficie ed il volume dei solidi di rotazione. I teoremi portano anche il nome di Pappo, matematico alessandrino, del periodo tardo ellenistico. Nel 1597, abiura la religione ebraica e prende il nome di Paolo. Entra poi nell'ordine religioso dei Gesuiti, diventa sacerdote e viene inviato a Roma per approfondire le sue conoscenze matematiche. Insegnerà matematica a Roma, Vienna e Graz. I risultati dei suoi studi matematici sono presenti soprattutto nell'opera sui baricentri, edita in tre volumi (1635,1640,1641), all'interno della quale si trovano i due teoremi che portano il suo nome. Nella sua epoca, è stato uno studioso famoso.

stato una delle prime costruzioni che hanno portato allo sviluppo del calcolo integrale. Si può pensare come derivato dal Principio di Cavalieri: Se due solidi hanno uguale altezza e se le sezioni tagliate da piani paralleli alle basi e ugualmente distanti da queste stanno sempre in un dato rapporto, anche i volumi dei solidi staranno in questo rapporto. E' questo enunciato che viene definito come il principio degli indivisibili. In effetti, contiene in sé un metodo approssimato per il calcolo integrale.

Diciamo più precisamente che cosa intende Cavalieri con gli "indivisibili" (B. Cavalieri, Geometria degli indivisibili, Utet 1989, a cura di L. Lombardo Radice), essi sono le linee e le sezioni, quando egli "considera una superficie piana come formata dalla totalità delle corde (omnes linae figurae) intercettate entro la superficie da un fascio di rette parallele e, analogamente un solido costituito dalla totalità delle sezioni (omnia plana solidi) che un fascio di piani paralleli intercetta con essa."

Se vediamo la cosa dal punto di vista del calcolo integrale, possiamo dire che il termine "indivisibile" potrebbe descriversi con una linea o un piano di "spessore infinitesimo". Ovviamente, una linea è unidimensionale, il piano bidimensionale: se consideriamo una linea "spessa" in un piano, questa diventa una superficie, e un piano spesso nello spazio, un volume.

Un importante risultato Cavalieri lo presentò nell'opera Centuria di varii problemi (1639): esso riguarda l'area sottesa a curve algebriche. Ossia il calcolo dell'integrale:

$$\int_0^a x^n dx = \frac{a^{n+1}}{n+1}.$$

Cavalieri dimostrò questa formula per i valori interi di n compresi tra 1 e 9. La dimostrazione del Cavalieri è geometrica. Newton generalizzerà la formula, estendendola a tutti i valori razionali di n.

Vediamo il caso semplice di $n=1$, si ha: $\int_0^a x^1 dx = \dfrac{a^{1+1}}{1+1} = \dfrac{a^2}{2}$.

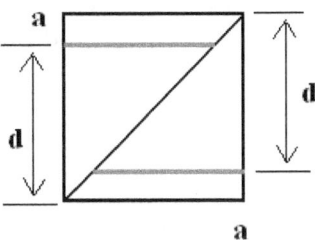

Facciamone una dimostrazione geometrica alla Cavalieri. Prendiamo un quadrato di lato a e consideriamo due linee (quelle grigie), che sono gli indivisibili, che vanno dal lato alla diagonale. Se immaginiamo di spostare le linee grigie, cambiando la distanza d, ma lasciandole parallele a se stesse, con esse possiamo coprire il triangolo a destra e quello a sinistra. In sostanza il quadrato contiene due triangoli che hanno come area quella che è ottenuta spazzando i triangoli. Dato che i due triangoli sono uguali, quest'area è la meta di quella del quadrato.

In parole: faccio cambiare la linea variabile x, da zero a a, spostandola parallelamente a se stessa di dx, spazzando così l'area del triangolo. Col linguaggio degli integrali: $\int_0^a x dx$.

Ovviamente, a questo punto, possiamo pensare di sostituire alla linea grigia un rettangolino grigio, che ha come base il segmento e un'altezza piccola, ossia prendiamo un segmento spesso Δx. Per ottenere l'area del triangolo, prendiamo tutta una serie di rettangolini, tutti con la stessa altezza molto piccola Δx, e con essi copriamo il triangolo. Sommiamo, ossia facciamo la somma integrale dei rettangoli. L'area del triangolo sarà quella ottenuta per somma quando $\Delta x \to dx$ infinitesimo.

Nell'approccio di Cavalieri, si assume che i rettangoli a destra e a sinistra della diagonale abbiano uno spessore uguale, mentre si tagliamo a "fette" i due triangoli. Il ricorso a questa scomposizione, prima in parti finite per poi far tendere il numero di queste parti all'infinito, rendendole infinitamente piccole, è un metodo intuitivo. E' così spontaneo da essere già stato in parte usato dagli antichi, ai quali erano ben presenti i problemi legati al continuo e alla sua suddivisione in elementi discreti o in elementi infinitesimi.

Con Keplero, Galileo e Cavalieri, si riprende il dibattito sulla concezione aristotelica del continuo e sulla problematica dell'infinito. Alla concezione aristotelica, per cui è impossibile che l'infinito sia in atto, si opponeva proprio il Cavalieri, ma anche Keplero e Galileo, che accettavano l'infinito attuale. Una grandezza continua, un segmento, una superficie, un volume, non solo può essere divisa in infinite parti sempre più piccole, ma può essere considerata come l'insieme infinito delle sue parti. Il Cavalieri per evitare i paradossi di una somma infinita di "indivisibili", associa ad ogni figura geometrica, continua e finita, l'insieme di tutti i suoi "indivisibili" ovvero ad una regione piana associa l'insieme delle corde parallele ad una determinata direzione e a un solido le sezioni ottenute con un fascio di piani paralleli ad una determinata giacitura.

Le obiezioni a queste sue idee erano come quella sollevata da Guldino, che dice che non "*possono essere chiamate superficie più linee, oppure tutte le linee; giacché la moltitudine di tutte le linee, per quanto grandissima essa sia non può comporre neppure la più piccola superficie*"; inoltre, se gli indivisibili avessero una misura non nulla, cioè se al posto di linee si prendono dei rettangolini per esempio, la somma di infiniti termini non potrebbe assumere un valore finito.

Con questo ragionamento, Guldino sosteneva che queste idee erano in contrapposizione con le idee di Archimede. Eppure, il metodo adottato da Cavalieri era proprio un metodo familiare allo stesso Archimede, come egli stesso dice in una lettera a Eratostene, scoperta nel 1906 in un palinsesto, dove dice anche che per scoprire la verità utilizzava l'analogia con la meccanica.

Anche se Cavalieri non riuscì a dare una base rigorosa alla sua teoria, il suo metodo degli indivisibili si applicò subito al calcolo di aree e volumi. Ad esempio, applicando il principio di Cavalieri al calcolo del volume della sfera, si ottiene il metodo di calcolo detto a "scodella", in quanto utilizza appunto il solido differenza tra un cilindro e la semisfera inscritta. La dimostrazione è dovuta a Luca Valerio (1552 - 1618), come riportato da Galileo nei *Discorsi e dimostrazioni matematiche intorno a due nuove scienze*.

Con il calcolo infinitesimale, introdotto da Leibniz e Newton, e con la sua sistemazione formale nel XIX secolo, il discorso di Cavalieri si trasforma nei concetti d'infinitesimo, limite e integrale. Il metodo di usare rettangolini o cilindretti, per calcolare aree e volumi, che nasce dall'intuito di pensare l'area e il volume come somma di tanti contributi, diventa il metodo integrale che prevede il limite di una somma di elementi aventi dimensione non nulla, però infinitesima. Leibniz introduce il dx nel simbolo d'integrale, trasforma gli "indivisibili" nella stessa dimensione della figura, portando il metodo di Cavalieri nelle corrette dimensioni.

Il fatto che gli indivisibili di Cavalieri siano delle sezioni di qualcosa che trasla nel piano o nello spazio, ossia che si muovono nel tempo, può aver influenzato Newton per creare le "flussioni", cioè le derivate dello spazio rispetto al tempo. Infatti, Newton considerava le variabili cambiare col tempo e la variazione di x o y rispetto al tempo diventava una velocità. Leibniz invece pensava alle variabili x, y nel piano come una sequenza di valori infinitamente vicini. E' così che ha introdotto dx e dy come le differenze tra due valori successivi di queste sequenza. Leibniz sapeva così che il rapporto dy/dx era la tangente alla curva. Ricordiamo però che

né Leibniz né Newton lavoravano con le funzioni, ma usavano i grafici.
Leibniz ha poi inventato la notazione moderna di derivata e integrale con d e $\int$, mostrando la loro funzione di operatori. Dal 1675, Leibniz scriveva $\int x\, dx = x^2/2$ esattamente come abbiamo scritto prima.

- Franco Marianelli, Leonardo Teglielli, Leonilde Rossi, Giulia Scaccia, Le origini del calcolo integrale: dal metodo di Esaustione a quello degli Indivisibili, SSIS Toscana, Indirizzo FIM, A.A. 2004/2005
- Daniele Napolitani, La Rivoluzione scientifica - I domini della conoscenza: Le innovazioni di Luca Valerio e di Bonaventura Cavalieri, Storia della Scienza (2012), Treccani.it
- John L. Bell, Continuity and Infinitesimals, The Stanford Encyclopedia of Philosophy (Fall 2010 Edition), Edward N. Zalta ed.
- Aristotele e l'infinito, Bocconi, al sito
http://matematica.unibocconi.it/articoli/3-aristotele-e-l'infinito
- Reviel Netz e William Noel, Il Codice Perduto di Archimede, La storia di un libro ritrovato e dei suoi segreti matematici, BUR, 2008
- Giovanni Gentile, Calogero Tumminelli, Enciclopedia italiana di scienze, lettere ed arti, Volume 19, Istituto Giovanni Treccani, Roma, 1933

Il congresso scientifico a Milano del 1844

Il sesto congresso scientifico italiano si tenne a Milano, nel 1844, dal 12 al 27 Settembre. Presidente generale era Vitaliano Borromeo, assessori Gabrio Piola e Giulio Curioni, ed infine segretario generale Carlo Bassi. Il presidente, Vitaliano Borromeo, è un personaggio molto interessante.
Nato a Milano, nel 1792, il Borromeo approfondì studi di botanica e scienze naturali, dedicandosi a coltivazioni floreali ed arboree nelle isole Borromee, appartenenti al suo casato. Strinse amicizia con Manzoni e T. Grossi. Fu molto presente nelle iniziative volte al progresso economico e culturale del Lombardo-Veneto, tanto che nel Settembre 1844 presiedette

appunto il congresso degli scienziati italiani, dopo aver già partecipato a quello di Torino del 1840. Al congresso, egli accolse generosamente i partecipanti, ma nello stesso tempo li esortò, nel discorso di apertura, ad attenersi agli argomenti scientifici.

Crescendo la tensione tra le forze austriache e la cittadinanza milanese, nei mesi precedenti l'insurrezione del 18 marzo 1848, assunse una posizione coraggiosa, protestando presso il governatore per la prepotenza della soldatesca. Scoppiata l'insurrezione, fu nominato il 19 marzo dal podestà G. Casati collaboratore della Municipalità. Quando la Municipalità si costituì in governo provvisorio (22 marzo), il Casati ne divenne presidente e il Borromeo vicepresidente.

Il Borromeo ebbe molta importanza nel determinare l'orientamento della politica lombarda verso la monarchia piemontese. Restio in un primo tempo alla fusione col Piemonte, abbracciò senz'altro il partito fusionista per l'unione al Regno sardo, probabilmente influenzato del figlio Guido che era commissario del governo provvisorio al quartier generale del re Carlo Alberto.

Lasciamo però le vicende del Borromeo, per tornare al congresso del 1844.

Come spiega Clelia Pighetti in uno studio su Carlo Cattaneo, a proposito del congresso, il Borromeo nel suo discorso rassicura l'autorità religiosa e quella politica. "Si parlerà solo di scienza… Se il discorso del Borromeo era opportuno per l'aspetto formale del convegno, la scelta di Gabrio Piola come autore della prolusione scientifica lascia perplessi. Il Piola … pensò bene di tessere un elogio di Bonaventura Cavalieri, illustre matematico, contemporaneo di Galileo, nato sì a Milano, ma scientificamente attivo in altre città, prima a Pisa, poi a Bologna. L'elogio per quanto scientificamente accurato, appare del tutto inadatto agli scienziati riuniti a Milano, per lo più medici e naturalisti, certamente poco edotti in materia di indivisibili, tema lontano nel tempo e poco studiato dalla cultura ottocentesca. La polemica di Cavalieri con i matematici del suo tempo era quanto mai estranea al mondo

GEOMETRIA
INDIVISIBILIBVS
CONTINVORVM
Noua quadam ratione promota.

AVTHORE

P. BONAVENTVRA CAVALERIO
MEDIOLANEN.

Ordinis S. Hieron. Olim in Almo Bononien. Archigym. Prim. Mathematitarum Profeſſ.

In hac poſtrema ediɩione ab erroribus expurgata.

Ad Illuſtriſſ. D. D.

MARTIVM VRSINVM
PENNÆ MARCHIONEM &c.

BONONIÆ, M.DC.LIII.
Ex Typographia de Ducijs.   *Superiorum permiſſu.*

dei dotti "milanesi", ma, anche se si fosse trattato di un argomento matematico assai noto, il personaggio "Cavalieri", era una discutibile gloria locale."

A commento di quanto detto sopra, possiamo dire che poteva essere nell'ottica degli Austriaci di premiare una gloria locale come il Cavalieri, con un elogio e con l'inaugurazione, contemporanea al congresso, di un monumento che lo vede quasi come Urania, con lo stilo e la sfera, monumento che il lettore vede sulla copertina di questo libro. Cavalieri era una gloria locale ma comunque abbastanza lontana nel tempo. Forse sarebbe stato più opportuno parlare di Alessandro Volta, come dice la Pighetti, ma ricordava troppo l'epoca Napoleonica.

Prosegue Clelia Pighetti: "E' nota la polemica critica sul rapporto tra il Cavalieri e Galileo, che pure lo aveva appoggiato presso l'Università di Bologna perché gli si conferisse la cattedra di matematica. Il Cavalieri, autore di un'opera matematica di grande fama, la Geometria indivisibilibus continuorum: nova quadam ratione promota, del 1635, era interessato alle ricerche di matematica pura e, in particolare, al problema degli indivisibili, tema che gli era stato suggerito da Galileo. Tuttavia, il Cavalieri attese inutilmente da Galileo la continuazione di tali studi matematici, perché lo scienziato pisano era interessato al problema dal punto di vista fisico: la divisione degli atomi e la questione del vuoto. Per tale ragione, il Piola mette in dubbio uno stretto legame tra Galileo e il Cavalieri, sostenendo una discutibile indipendenza del discepolo dal maestro. Forse il Piola voleva lusingare il pubblico rivendicando l'autonomia scientifica del frate milanese, ma è certo, che in tale tentativo, egli si appella a testimonianza indirette, con uno stile alquanto faticoso. Tuttavia, nel suo complesso, il testo dell'Elogio non era scientificamente astruso, forse ben pensato per un pubblico non specialistico, ma, durante il convegno, non si ebbero discussioni in merito, almeno per quanto ci rivelano gli atti."

Lascio che sia Piola stesso a rispondere alle critiche attraverso il suo elogio.

- Bruno Di Porto, Borromeo Arese, Vitaliano, Dizionario Biografico degli Italiani - Volume 13 (1971)
- Clelia Pighetti, A Milano nell'Ottocento. Il lavoro scientifico e il giornalismo di Carlo Cattaeno, 2010, Franco Angeli.

BONAVENTURA CAVALIERI

L'elogio di Bonaventura Cavalieri

Eccoci ora a leggere l'elogio scritto dal Piola. D'ora in poi, le parole del Piola saranno riportate col carattere corsivo. I numeri nelle parentesi tonde rimandano alle note del Piola.

Darsi nell'uomo una dignità procurata dal sapere e ben meritevole del pubblico suffragio è verità che debba essere profondamente sentita da ognuno che consideri le accoglienze e gli onori resi in questi giorni a chi va distinto per quella nobile prerogativa. In me poi, davanti a questo Consesso, cresce a doppio un tal sentimento, concorrendo ad inspirarmelo anche il subbietto del quale mi fu imposto parlarvi. Imperocchè non io vengo a dirvi le lodi di un antico illustre, il cui nome, riverito fra i popoli, abbia stanche le voci degli oratori o de' poeti: bensì di un modesto filosofo, di un umile cenobita, che trascinò vita solitaria, ignorata dai più, deserta dei beni che ne infiorano per altri il cammino, e la fanno brillare agli occhi della moltitudine. Eppure, se mi è dato raggiungere colle parole i concetti, vorrei condurvi tutti a dire con me: quelle povere lane, che ritratte in marmo, oggi si scoprono ai nostri sguardi, sono più gloriose di un ricco paludamento; anzi quella non curanza di ogni fasto giova affinché meglio apparisca una elevatezza che vuol essere misurata fuori del sensibile. Già è noto che io parlo di Bonaventura Cavalieri, alla cui memoria si statuì che fosse sacra la presente festività. Perché mai un nome bastevole ad illustrare, non dirò una città, ma una nazione, rimase sconosciuto a molti eziandio di coloro cui doveva ricordare un concittadino, e che si chiesero l'un l'altro chi era costui al quale la patria ergeva dopo due secoli un monumento? Egli è perché non sulla terrestre polvere convien cercare le orme profonde lasciate dal passaggio di quest'uomo, sebbene in un mondo superiore, nel mondo delle intelligenze. Allora il negletto fraticello, che scalzo camminava, che visse travagliato ed infermo, ci si cambierà tutt'a un tratto in un grande, in un legislatore, cui gl'ingegni atti ad intenderlo rendono concorde omaggio, ed alzano volonterosi un seggio eminente. — Dopo di che voi già intendeste, o Signori, quale esser deve il mio elogio.

Vi parlerò del Cavalieri toccandovi di qualche particolare della sua vita, ma principalmente il considererò colà dov'egli veramente visse, nel regno cioè delle scienze, e di quella in special modo ch'egli promosse da solo più che non tutti insieme i geometri dell' antichità (1). Se non che un tale assunto m'obbligherà in molta parte del mio discorso a passare fra le aridezze della geometria e della metafisica, sopra argomenti cioè che rifuggono da tutto che può dare grazia e luce alla elocuzione. Mi conforta però il pensiero ch'io parlo ad una assemblea dove già si conosce il più delle cose che son per dire, e ben si sa dover essere l'ufficio della parola subordinato al fine che si ha di mira.

A due principali circostanze, o Signori, è necessario por mente, chi voglia giustamente apprezzare un uomo di scienze: a quella del luogo e del tempo in cui visse, e a quella altresì dello stato della scienza che prese a soggetto dei propri studi. Perocchè, quanto alla prima, chi non vede potenti aiuti che sono i mezzi d'istruzione e la coltura di coloro fra cui si conversa? Ponete che fosse nato sopra una landa selvaggia qualunque de' sapienti che più ammiriamo: a che sarebbersi ridotte te meraviglie di quella mente? forse non più che a togliere un grado di rozzezza fra' meschini co' quali avrebbe avuto comune il suolo nativo. E quanto alla seconda, allo stato cioè della scienza cui rivolgonsi le fatiche, ognuno capisce essere per un verso più facile raccogliere grossi manipoli in un campo di messi tuttora intatte, di quello che in un campo dove sia già corsa la falce: ma che per un altro verso riesce più comodo il lavoro, usando strumenti già fatti, di quando è forza, prima di operare, il fabbricarsi eziandio gli strumenti. Il perché non vi sarà discaro, o Signori, se prendo a considerare il Cavalieri sotto entrambi gli accennati rispetti.

Facendomi dal primo, egli nacque in Milano (2) del 1598, in epoca non troppo favorevole ai buoni studi, in mezzo ad una società poco disposta a concedere una ben ponderata estimazione ai meriti scientifici. Non già che debbasi dar retta a coloro i quali vollero dipingerci il nostro paese in quella età quasi involto di barbarie. Eranvi le buone discipline in uno stato, non di selvatichezza, bensì di decadimento: ché prima qui, non meno che altrove, fiorirono rigogliose, principalmente ai tempi di Lodovico il Moro, circondato da una coorte di dotti per varia maniera di sapere. Ma dopo la caduta del dominio Sforzesco, dopo il lungo contendere per la successione al Ducato di Milano tra le corti di Francia e di Spagna, erano queste Province venute a mano di magistrature che stendevano le loro sollecitudini poco più in là del material reggimento. E nondimeno (tanto connaturale è a questo suolo l'essere fecondo dei frutti dell'ingegno) la buona volontà de' nostri padri, quantunque non favorita da' governanti, arrabattavasi di per sè stessa onde avvantaggiare le condizioni del pubblico addottrinamento.

All'epoca medesima di cui parliamo, ancor durava l'impulso dato dal Cardano, dall'Àlciati, dal Conti, morti nella seconda metà di quel secolo: instituivansi in questa città più accademie e due collegi; erigevansi a spese di privati le scuole Àrcimbolde con altre più elementari, emergendo poi sopra tutte l'ammirabile fondazione di Federigo Borromeo, che di tanto decoro anche presentemente torna alla patria nostra. Però mancavano i più validi eccitamenti che vengono dal Principato. Quando alcune mal augurate imprese guerresche tenevano la cima d'ogni pensiero, non era a cercarsi traccia di ciò che doveva essere riserbato a tempi migliori: un'equa distribuzione di onori e di emolumenti: l'Autorità e la Potenza, che messi da banda gli argomenti del terrore, vengono a conversare familiarmente coi dotti, ed a far plauso alle loro prove. — Le scienze pertanto riparavano allora, meglio che altrove, all'ombra de'chiostri: che in quegli asili di pace stavasi al coperto dall'albagia e dai soprusi di taluni i quali recavansi a vanto il farsi superiori alle leggi. Ciò nondimeno, sendo conforme all'indole de' religiosi istituti il promuovere, più ch'altre, le scienze morali e sacre, avveniva talvolta che le tendenze a diverso genere di studi non trovassero sull'esordire favore ed incoraggiamento. Il che appunto s'avverò del nostro Cavalieri, che avea dato il suo nome all'ordine de' Gesuati (3), soppresso poi ventun'anno dopo la sua morte. Egli, cui spettava l'operare un rivolgimento nelle scienze matematiche, ebbe a passare gli anni della prima sua gioventù tutto dedito alle filosofiche e teologiche discipline, professando eziandio le seconde nel cenobio di S. Girolamo (4). Trovo che in occasione di pubbliche dispute, traevano gli uditori in gran numero ad ammirare il sottile dialettico, il professore dotato di una sempre vincitrice eloquenza. Eppure non tardò Bonaventura ad accorgersi, che sebbene il suo ingegno fosse pieghevole a varia dottrina, era però si predisposto per le scienze esatte, da non rimanergli dubbio veruno intorno a quel genere di studi che meglio gli si affacesse.

Quindi le cure del suo primo insegnamento, le esortazioni affinché non abbandonasse l'arringo ove in verde età avea conseguito quanto sembrava soltanto proprio dell'età matura, i viaggi ai quali gli fu d'uopo assoggettarsi, la malattia stessa che di buon'ora gli fe' sentire le sue pressure, furono difficoltà simili all'ostacolo cui una corrente, trattenuta per poco, sormonta poi a discenderne con maggior forza. Egli dovette la sua educazione matematica, più che ad altri, a se stesso. È vero che Benedetto Castelli gli fornì da principio alcuni indirizzi, e che poscia il gran Galileo gli fu cortese di consigli e d'istruzioni: ma per testimonianza di Galileo medesimo (5), non ebbe veramente mestieri mai di maestro: da sé, nel silenzio della sua cella s'impadronì di tutta la scienza antica: faccenda di non molti giorni era per lui percorrere quello stadio ov'altri s'affatica per anni.

Un detto diffuso per molti libri e per molte bocche chiama il Cavalieri discepolo del Galileo: ne io mi farò qui a contrastare un'appellazione che il modesto geometra nostro concittadino si diede più volte egli stesso. Però credo del mio istituto determinarne il vero senso. Se vuolsi per essa intendere che il Lombardo apprese dal Toscano que' mirabili trovati di lui in meccanica ed in fisica, ben gli sta il titolo di discepolo, e v'era di che vantarsene: ma in quella parte delle matematiche la quale dovea poi renderlo immortale, vo' dire nella geometria, Cavalieri sublimossi colle sole sue forze: e quando Galileo lo vide stendere tant'ala a quel volo, fu tra' primi a meravigliarne, non potendovi scorgere l'opera sua. Ciò è sì vero, che negli scritti del gran Pisano non troverete avviamenti alle scoperte del Milanese: troverete cose altissime sugli infiniti e sugli indivisibili, ma insieme con esse tali parole da sconfortare chiunque volesse per questa strada cercar relazioni fra quantità finite (6). Quella pagina dei Dialoghi sulle scienze nuove fu anzi buttata aspramente in faccia al Cavalieri da' suoi oppositori, come dissenziente dalle sue dottrine: ed egli non diedesi a provare il contrario; sì bene, declinando la discussione, chiese gli fosse permesso pensare in ciò a modo suo. — Che, a riscontro dell'insegnamento stabilito con tanto onore d'Italia dal riformatore della filosofia naturale, fondasse il Cavalieri altro insegnamento ov'egli passava per caposcuola, nuova prova ce ne fornisce l'illustre Torricelli, il quale nell'accennata controversia si scostò dall'opinion del maestro per abbracciare quella del suo compagno ed amico, e si addentrò sì fattamente nello studio della nuova geometria, che ne cavò non minori titoli di gloria di quanti ne ebbe raccolti per aver continuata la scuola d'Arcetri. Galileo medesimo in altro luogo delle sue opere diede poi segno che quella sua prima sentenza eragli diventata sospetta. — I sommi ingegni, o Signori, si riconoscono l'un l'altro a certi indizi segreti, dei quali basta talvolta un lampo per una piena rivelazione: distanza di età e di condizione, la stessa relazione di maestro e discepolo dispare davanti alla manifestazione di questi indizi, o vi sottentra il mutuo rispetto, la mutua ammirazione. Il filosofo toscano previde a quanta ampiezza sarebbe cresciuto l'edificio di cui gettava le prime pietre il povero frate di Lombardia, e lontano da que' sentimenti che non allignano nelle anime grandi, osservò senza dolersene i suoi stessi allievi mettersi alla sequela di lui per quanto spettava a ricerche di alta geometria. Ma che dico, senza dolersene? gli encomi che al Cavalieri profuse, singolarmente quando gli procurò la cattedra di Bologna (7), e quando poscia invitollo alla stessa sua prima sedia di Pisa (8), c'inducono a credere che se la vecchiezza e i molti disagi non gli avessero recato impedimento, avrebbe anticipato di più d'un secolo l'esempio datoci poi dall'Eulero e dal Legendre, che in età quasi ottuagenaria si fecero propugnatori di giovanili scoperte.

Questi cenni precorsi mi fanno accorto essere mio dovere il venirvi discorrendo con più di ordine intorno agli studi del Cavalieri: ciò che imprenderò del miglior animo, giacché non reputo, o Signori, opportuno l'intrattenervi nella narrativa di molte particolarità della vita di lui. Una vita che passò fra le mura di un chiostro e quelle di una università, e si spense poco più oltre la metà del corso ordinario, non presenta punti molto prominenti. Ben potrei toccarvi di stipendi accresciuti a titolo di premio dal Senato di Bologna, di profferte amorevoli per parte del cardinal Borromeo, di privilegi concessi da papa Urbano VIII, di principesche cortesie largitegli da Ferdinando II di Toscana, di onori insomma non comuni venuti a far contrasto coll'umiltà del sajo religioso (9); ma voi ben sapete che il pregio di si fatte cose sta nel servir d'insegna per riconoscere dove risiede il vero merito: e poiché questo merito voi potete considerarlo direttamente, più presto che argomentarlo da segni esterni, io penso che omai vi tardi l'udirvene più distintamente ragionare.

Farmi che tre gradi di sempre migliore attitudine possano assegnarsi per chiunque si dedica ad una scienza, salendo i quali sia dato arrivare quando che sia al sommo della rinomanza. Pel primo, che quantunque minore degli altri, pure è pregevolissimo, massimamente se trattisi di un pubblico professore, metterei l'essere buon conoscitore dello stato della scienza a' suoi tempi, padroneggiandone così le varie parti, da saperne dar conto come di cosa propria.

Che tale fosse il professor di Bologna, già ve lo accennai quando dissi essersi egli fatta sua ogni dottrina degli antichi geometri. Ora vi aggiungerò che esperto eziandio di tutta la scienza de' suoi giorni, e precipuamente de' nuovi trovati del Keplero, del Copernico e del Galileo, ce lo manifestano i suoi libri e le sue lettere. Delle opere in particolare del grande Toscano aveva egli sì familiari le citazioni, che ben appare come ne facesse lettura diurna e notturna. La sua cattedra era veramente di astronomia, ma le sue giornaliere lezioni si allargavano ad altri non pochi rami delle matematiche. Scorrendo le sue lettere veniamo a sapere che molto vi si intratteneva di ottica ed anche di meccanica, e fin di nautica. Solerte per non defraudare i suoi allievi di ogni utile novità, ne stava continuamente in sull'avviso: del che ci fa testimonianza quel suo frequente raccomandarsi (siccome appare dal commercio epistolare), affinché gli fosse mandato or questo or quel libro che sapeva di recente pubblicato. Lo storico delle matematiche, il Montucla, fa il Cavalieri primo introduttore in Italia della teorica dei logaritmi (10), e l'inglese Jones celebra le tavole trigonometriche da lui date in luce, alcuna delle quali calcolata di nuovo. La pienezza delle cognizioni nel maestro rifluiva nell'insegnamento. Il Ghilini e il Daviso, suoi contemporanei, ci narrano che la sua scuola era affollata di uditori, alcuni de' quali appartenenti a classi cospicue: e ciò per la grande stima in che tenevansi dall'universale il suo sapere e la sua facondia.

A rendere più efficace l'istruzione, egli compilò varie opere (11), che rimpetto alla principale, di cui fra poco diremo, vengono appellate minori. Un pensiero forte, profondo, incessante lo teneva abitualmente sollevato nelle regioni più alte della scienza: ma egli sapeva discenderne ed impicciolirsi co' suoi alunni: cosi sacrificava al dovere la sua inclinazione, ed insieme una parte altresì della sua fama.

Accennandovi le minori opere del Cavalieri, passo naturalmente a dire del secondo grado di merito, allorché lo scienziato non solo possiede quanto, per la parte da lui professata, entra nel comun patrimonio del sapere, ma vi aggiunge del proprio. Molti sono che coltivando queste nobili discipline, si mettono a ricerche non per anco tentate: ma d'ordinario la materia è sorda per rispondere all'intenzione dell'arte: a pochi è dato trovare il nuovo fra il consueto, e tra il comune il peregrino. Cavalieri fu di questi pochi. Rammenterà quel che seppe aggiungere alla Diottrica del Keplero, determinando le distanze focali nelle lenti a sfericità diseguale (12). Toccherò della combinazione da lui pensata per ridurci credibili le meraviglie degli specchi d'Archimede e di Proclo; egli ci venne mostrando potere la scienza costringere i raggi, che corrono paralleli in un cilindro di gran diametro, a correre tutti ancor paralleli in un cilindro di diametro piccolissimo: la luce solare così costipata, renderci l'immagine di quella specie di fulmine che gli storici narrano uscisse dagli antichi apparati ustori (13). Asserirò, con particolar nota, ch'egli può dirsi il primo inventore del telescopio a riflessione, avendocene data apertissima l'idea, ed insegnato un modo di costruzione nella seconda sua opera pubblicata dieci anni innanzi che Newton nascesse (14). Preterir non potrei l'idraulico ordigno, mediante il quale vedesi sciolto il problema del tramutare il moto circolare in rettilineo, più semplicemente che non sia stato fatto da meccanici posteriori (15). L'Istituto nostro volle, non ha guari, che si costruisse uno strumento si pregevole, affinché la singolarità dell'ingegno ch'oggi per noi si esalta, venisse dimostrata a chi più d'ogn'altro ama il linguaggio dei fatti. Degne pure di ricordo sarebbero le ingegnose ipotesi dirette ad assegnare la causa di alcune meteore acquee: e degnissimo ne è quel teorema d'idrodinamica con cui il nostro Autore diede mano al già suo maestro Castelli per vincere una difficoltà, davanti alla quale erasi arrestato (16).

Venendo alla scienza dal Cavalieri prediletta, alla geometria, dirò di una idea sulla quantità dell'angolo solido che si ricava da un suo teorema, e ch'io vorrei vedere introdotta nell'insegnamento, tenendo per fermo che ne conseguiterebbero alcuni vantaggi, massimamente per la cristallografia (17). Fra le molte geometriche questioni ch'egli ci svolse coi metodi ordinari, non potendo dire di tutte, farò menzione del problema, notabile a' suoi tempi, proposto dal Fermat, ove chiedevasi s'assegnasse il punto che ha minima la somma delle distanze da tre punti dati (18). Qualche parola di più sarammi concessa intorno a quel teorema che ci dà in generale la quadratura d'ogni triangolo sferico, e che per l'occasione dell'odierno monumento fornì all'artista l'emblema col quale individuarne l'effigie (19). Il più valente fra gli oppositori del Cavalieri, quel Guldino di cui diremo più a lungo in appresso, ne parlò con sì enfatiche lodi, che parvero soverchie allo stesso Autore: consigliandolo poi a mettere da parte i suoi indivisibili e a non deviar da una strada dove sapeva imprimere orme sì gloriose. Fortunatamente il nostro Matematico, se mostrossi grato alle lodi, non ne accettò i consigli, seguire i quali sarebbe stato imitar que' selvaggi che cambiavano l'oro e le gemme col ferro degli Europei. Lo che io non dico per scemar pregio alle minori scoperte del Cavalieri: penso anzi, che se queste parvero piccole in lui, ciò avvenne soltanto al paragone di altre tanto maggiori in numero ed eccellenza.

Ed eccomi a quel terzo grado di merito, raggiunto da pochissimi, quando l'inventore non ci viene già insegnando alcune verità staccate; ma trovandone un gran numero tutte rispondenti fra loro, ne forma un sistema, e crea un nuovo ramo di scienza. Mi brilla l'animo, o Signori, nel vedermi ora portato dal mio assunto a dovervi render ragione della maggior opera del Cavalieri, della Geometria degli indivisibili. In ciò fare, io vi prometto di tenermi così in guardia contro l'entusiasmo dell'amor patrio, che quanto al fondo delle cose non vi dirò se non il già asserito, e forse più efficacemente, da scrittori stranieri. Quindi è che sul bel principio vi farò palese essersi su tale argomento detto troppo, e troppo poco. Fu detto troppo da coloro che vollero a dirittura il Cavalieri inventore del calcolo infinitesimale, quasi che il Newton e il Leibnitz, venuti di poi, non siano stati che plagiari. No, que' grandi geni seppero tanto aggiungere ai primi trovati del Milanese, e traducendoli nel linguaggio del calcolo, seppero formarne uno strumento unico e di tanta universalità, che ben l'opera loro può dirsi una novella creazione. Ma fu detto troppo poco da chi non conobbe, o riconoscer non volle, che nella geometria degli indivisibili eranvi i fondamenti delle ulteriori teoriche, e quanto alla metafisica che tutte le regge, eravi già fissata così da poter essere di poi chiarita, ma non mutata. È dalla comparsa di questo libro lombardo, dice lo storico delle matematiche, che conviene annoverare i grandi progressi fatti nella scienza (20). Newton, lasciò scritto il Maclaurin, ha compiuto ciò che Cavalieri aveva augurato; e il celebre Segretario perpetuo dell' Accademia francese: Cavalieri fu il primo che costrusse un sistema geometrico sull'infinito.

Quest'ultime parole esigono una spiegazione, ed io vi chiedo indulgenza se trattengovi di cose a molti di voi ben note, parendomi uno sconcio nel mio discorso che non suona all' orecchio di soli matematici, il non tentare almeno di dare un'idea dell'opera che riscosse il più clamoroso suffragio. Nelle quantità che voglionsi assoggettare a misura havvi spesso qualche elemento il quale, anche per breve tratto, si cambia un numero di volte maggiore d'ogni assegnabile: ciò appare manifestamente, per tacer d'altri esempi, ove entrino linee o superficie curve. In tali casi sembrerebbe a prima giunta che la misura non potesse aversi senza tener conto di tutti i cambiamenti dell'elemento variabile, i quali essendo in numero matematicamente infinito, si crederebbe impresa che trascenda l'umana capacità. Eppure la geometria fino da' suoi primordi trovò modo di fare un sì gran passo. Il giovinetto che vede per la prima volta una lunula circolare provata eguale in area ad un triangolo, e la superficie della sfera eguale a quattro circoli massimi, si rimane freddo su quelle figure, e fors'anche ne fastidisce il dettato: ciò per non essere ancor atto a ben comprendere tutto l'artificio di sì fatte dimostrazioni: che se il potesse, capirebbe il perché tanto si compiacessero di que' teoremi i loro primi inventori. Però cotali dimostrazioni, dovute agli antichi, posano sulla riduzione all'assurdo, sopra un metodo cioè esatto ma non diretto, che non ci porta all'intuito della verità, ma solo ci persuade non poter la cosa essere diversamente. Egli è, a modo di similitudine, come il conquistare una ròcca, non penetrandovi di forza, ma obbligandola a darsi vinta col cingerla d'assedio. Or chi fu che primo, schivando le lunghe ambagi degli antichi, trovò in tali incontri le dimostrazioni dirette? Pregovi, o Signori, a riflettere che il solo concepirne la possibilità esigeva un ardimento da sbalordirne. Ciò infatti importava avere una mente che stesse salda davanti all'idea dell'infinito, che potesse, senz'esser colpita di vertigine, fissar lo sguardo per entro ad un abisso non tentabile da umano scandaglio. Eppure una tal mente si ritrovò, e che sia stata quella del Cavalieri, diravvelo per me lo storico francese in un epifonema ch'io non ripeto, perché mi sembra fin troppo espressivo (21).

V'invito pertanto, o Signori, a meco considerare un tal uomo erettosi fra i prischi tempi e i moderni per segnar nella scienza un'era novella. Quest'è il secondo dei due rispetti, indicátivi fin da quando presi le mosse a favellarvi, sotto il quale a me conveniva di presentarvelo. In quel suo libro, steso da capo a fondo sempre sul medesimo principio, trovate dapprima riconfermati con brevissimo ragionamento molti assai noti teoremi d'Euclide: più tardi vedete abbreviata di due terzi la via conducente a proposizioni che valsero gli estremi sforzi del geometra di Siracusa: poi insieme con una moltitudine di nuovi e importantissimi risultamenti, anche alcuni trovati del Keplero da lui enunciati in una sua opera memorabile (22).

Al qual proposito non debbo tacervi come in detta opera del grande astronomo tedesco si riscontrino alcune dimostrazioni aventi una certa rassomiglianza con quelle che il Cavalieri ridusse a sistema (23). Voi che conoscete la storia della filosofia, ben sapete che anche delle maggiori scoperte si trova sempre qualche sintomo in libri antecedenti, si trovano membri staccati che rimangono inerti, finché non viene il genio a ravvicinarli e ad infondervi lo spirito animatore (24). Ciò avvenne nel caso nostro: le misure di alcuni solidi, date o solo proposte dal Keplero, lasciavano desiderare prove più sicure: e poiché il suo metodo mancava di regole fisse, l'autore, quantunque valentissimo geometra, venne anche qualche volta a conclusioni non rette (25). Invece la geometria del nostro concittadino dall' essere compatta e come d' un sol getto traea la sua forza e la sua sicurezza. In appresso, opere contenenti il frutto di lunghe e concordi meditazioni sottentrarono alla stessa geometria degli indivisibili; ma ciò non toglie che per più anni essa sia stata l'unico strumento che operava le prime meraviglie. Un Francese, il Roberval, ci volle far credere ch'ei s'era formato un sistema geometrico similissimo all'italiano, non avendo di questo contezza. Ma poiché il suo libro venne in luce assai più tardi, i geometri stessi di quella generosa nazione non furono degli ultimi a renderne giustizia, e ad assicurare al Milanese la priorità della scoperta (26). È dunque indubitato esservi stato un tempo nel quale Cavalieri, senza saputa di alcuno, s'avanzò per immensi campi non ancora segnati da orma mortale. Un fremito, cred'io, d'un sentimento indefinibile dovette provare quando, addentratosi in quelle solitudini, vide come un nuovo cielo, ed una nuova terra, della quale non poteva assegnare il confine, e che poco stante gli apparve popolata di creazioni mirabili e sconosciute.

Queste, o Signori, sono estasi della mente, sperimentate da pochissimi, che avranno compensato il nostro geometra di assai privazioni.

Or bene, potrebbe insorgere a dir taluno, dal fin qui esposto si conchiude doversi al Cavalieri un sistema di dimostrazioni dirette per quelle proposizioni che abbisognano della considerazione dell'infinito : ma non si raccapezza ancor nulla intorno al modo da lui tenuto per vincere la prova. Grave questione, o Signori, e tale che non è possibile il pienamente soddisfarvi. Quanto posso asserire stando sulle generali, si è, tra i processi dell'umano intendimento notarsi questo meraviglioso, che dove concorre un grandissimo numero di elementi, sa esso talvolta da pochi conchiudere a tutti, ed afferrare con tanta certezza le conseguenze, che non ne avrebbe maggiore se avesse contati tutti i passi per lo smisurato trascorso viaggio. Come poi ciò avvenga, nol saprei dire: potendosi l'occhio della mente paragonare a quello del corpo, cui sfugge più ch'altro l'intuizione di sé stesso e delle intime sue operazioni. Di questi, chiamerolli così, valichi per l'infinito potrei citarvene più d' un esempio nelle matematiche. L'arte del filosofo sta nel ridurre il ragionamento a passare per alcuno di tali valichi: ed è allora che si trova portato a nuove regioni, alle quali sulle prime sarebbesi creduto impossibile l'approdare. Ora che la scienza del calcolo fu spinta a gran perfezione, si sa che il passaggio, di cui parliamo, ci vien fornito dalla teorica delle serie (27). Ai tempi di Cavalieri, le costruzioni geometriche tenevano il luogo delle formole analitiche: però il suo metodo era meno felice nella forma, quantunque il medesimo nella sostanza.

E qui, o Signori, fa d'uopo ch'io vi rammenti condizione angustiosa in cui trovasi talvolta il filosofo ch'ebbe sortito un ingegno inventore. Intendo quello stato della mente nel quale si riconosce, senza averne dubbio, una nuova verità, e nondimeno non si sanno cogliere per anco i mezzi più opportuni onde persuaderla ad altri: non si hanno ancora alle mani gli argomenti vittoriosi a cessare ogni contraria insistenza. In una tal condizione trovossi Cavalieri per tutta la vita. Egli non disse mai che una superficie fosse fatta di linee, ed un volume di piani , ma diceva costantemente, tutte le linee di una superficie, tutti i piani di un volume. Questa parola era dura: Guldino, geometra grande quantunque da meno di lui, venne ad assalirlo colle più stringenti obbiezioni (28). Che è mai, gridava, questo linguaggio, e quanto indegno di un geometra? come passare d'una in altra grandezza eterogenea? potrà mai la ripetizione anche all'infinito supplire ad una dimensione mancante? Eppure in quelle parole omnes lineae, omnia plana, tanto spesso replicate, e così aspramente combattute, eravi un tesoro di sapienza. Nelle parole lineae, plana, stavano i rudimenti del calcolo differenziale, nelle parole omnes, omnia stava in potenza il calcolo integrale. Presentemente vediamo con tutta chiarezza che nelle quadrature e cubature, come il Cavalieri le istituiva, l'elemento variabile, ridotto alla sua maggiore semplicità, doveva avere una dimensione di meno della quantità misurata (29). Egli dunque aveva ragione, e lo sentiva, ma non poteva farla valere. Si difese alla meglio dal suo terribile antagonista con sottili accorgimenti, e principalmente coll'argomento indiretto che il suo metodo conduceva pur sempre alla verità, senza che una sola volta sia stato possibile coglierlo in fallo (30). Però, quanto all'obbiezione in se stessa , s' accorse trovarvisi tal parte cui non sapeva pienamente rispondere, e finì col ripetere quelle memorabili parole, poste già nella prefazione del libro VII, esservi qui un nodo gordiano, la cui risoluzione era riserbata ad un futuro Alessandro (31). Il Maclaurin, nel suo celebre Trattato, riferisce questo detto del Cavalieri: nota com'egli aveva preveduto che il suo metodo sarebbe poi ridotto a forma incontrastabile: ed aggiunge che l'Alessandro da lui vaticinato fu Isacco Newton (32). Sulla qual ultima asserzione permettetemi, o Signori, ch'io arrischi un'opinione contraria (33). Newton e Leibnitz fecero della geometria del Cavalieri quello che Cartesio aveva fatto dell' ordinaria; vi applicarono il calcolo, e ci diedero un sistema che comprende tutto il meccanismo delle operazioni: ma quanto alla metafisica del metodo, non l'avanzarono gran fatto (34). Posso citarvi parecchi passi del nostro Autore, dove la genesi delle grandezze per mezzo del movimento è apertamente dichiarata, ed oltre l'idea evvi replicatamente suggerita altresì la parola adottata di poi dal sommo Inglese (35). Rispetto alla metafisica dell'infinitamente piccolo (36), intendendo per esso, non già, come di presente, una quantità che può ridursi minore di ogni data, ma quel certo che misterioso fra l' essere e il non essere, quale si volle sostenere per più anni nelle scuole, si sa che il concetto ne è assurdo perché contradditorio, presentandosi come risultamento ottenuto alla fine di un processo che ha per proprietà essenziale quella appunto di non aver mai fine. Quindi io penso che la sua introduzione abbia intorbidata piuttosto che rischiarata la buona metafisica. Chi sia stato il vero Alessandro prenunciato dal Cavalieri, voi tutti il sapete e mi prevenite nel dire: nacque 89 anni dopo la morte di lui sulle sponde della Dora (Joseph-Louis Lagrange, Torino 25 Gennaio 1736 – Parigi 10 Aprile 1813, nato Giuseppe Luigi Lagrancia).

Ma io vado più innanzi e dico cosa forse non per anco avvertita, eppure, per mio avviso, verissima. Mancando al Cavalieri nel linguaggio del calcolo i segni indispensabili a sostenere si ardua speculazione, egli non poté vedere tutta la metafisica del suo metodo: però, quanto ne vide, ne vide bene, e parlandone senza errori, salutò da lungi l'aurora di una luce che doveva sorgere più tardi. Di presente noi sappiamo che è inutile affannarci per giungere ai remotissimi e supremi menomamenti delle quantità: ciò essendo impossibile, tanto fa sostarci più presto e, senza alcuno sforzo, contemplare un elemento piccolo soltanto quanto il bisogno il richiede, che è poi l'indeterminato di Lagrange.

Ebbene, il nostro autore in cinque luoghi delle sue opere lasciò scritto che non giova il molto tritume delle divisioni, che ne bastano alcune per argomentare a tutte, che quando si ha in mano il rapporto fondamentale, al rimanente supplisce il pensiero (37). Può valere a riconferma la stessa denominazione d'indivisibili applicata agli elementi delle grandezze. Perché mai il lombardo Geometra se ne mostrò si tenace, da non volerne adottare mai altra? Credete voi che se gli fosse venuta in acconcio, non avrebbe assunto quella d'infinitamente piccolo? Già pronunciolla il Keplero prima di lui, e poteva di leggieri volgerla al proprio uso (38). Ma no: quella parola non corrispondeva al suo concetto, e invece nell'altra d'indivisibili vedeva come in emblema la significazion del suo metodo. Gli elementi infatti delle quantità, riguardati come gli ultimi appoggi delle nostre considerazioni, non possono dividersi: potete dividerne la rappresentazione sulla figura o il fantasma nella mente, ma ciò facendo voi non tagliate, per dir cosi, che la scorza: l'idea dell'elemento rifugge tutta intera nella parte suddivisa, e se questa pur dividete, rifugge sempre ne' residui; potete inseguirla incessantemente, fermarla per decomporla, non mai. Avviene qui come dell'idea di sostanza quanto agli omogenei, che ci è porta dal frammento quale dall'intero, nè scema per assottigliamenti, nè per distrazione di parti si disperde (39).

Più ancora, o Signori. Già dicemmo che la scoperta del Cavalieri stava involuta entro forme geometriche, e che il trarnela fuori fu poi l'opera dei sommi geometri, inglese e tedesco (40). Ciò è vero: ma tutto fa credere che Cavalieri, fiancheggiato dal Torricelli, era in procinto di cogliere, almeno in parte, anche quest'altra palma, se la morte non avesse rapita nel mezzo degli anni virili questa impareggiabile coppia d'amici. Seguendo infatti attentamente l'Autor nostro nella quarta delle sue Esercitazioni geometriche, vediamo ch'egli erasi di già sollevato alla generalità delle lettere: e dandoci la quadratura delle parabole di tutti gli ordini, e la cubatura di tutti i solidi di rivoluzione da esse generati, aveva espressa una formula cui

non resta che applicare i simboli leibniziani, perché ne esca una vera formula di calcolo integrale (41). Ancora un passo onde estendere la veduta dall'un caso a tutti i simili, e stabilire un sistema di operazioni staccato dalle figure, e il calcolo differenziale e integrale era trovato. — Mi rimane un' ultima osservazione sulla quale invocare l'attenzione vostra. Questo calcolo (voi lo sapete, o Signori) non fu applicato soltanto alle grandezze geometriche, ma esteso a tutte le quantità continue, promosse mirabilmente la meccanica e la fisica, e sollevossi fino a disvelarci il magistero dei cieli.
Or pensereste mai che il Cavalieri non abbia previsto le tante applicazioni che poteansi far del suo metodo anche fuori della semplice geometria? Nella quinta Esercitazione egli applicò gli indivisibili a determinare i centri di gravità nei corpi a densità variabile, applicolli cioè facendo uso di una nuova quantità oltre le tre dimensioni: e pose un memorabile scolio, del quale con mio stupore non ritrovai in alcun libro la citazione, dove dice potersi tenere per quantità di natura indefinitamente varia l'andamento ch'ivi avea tenuto per le gravezze: e nomina esplicitamente le intensità del lume, del calore e fin dei colori nei corpi (42). Di qui capirete il perché egli non rifiniva di ripetere essere immenso il numero delle applicazioni che poteansi far del suo metodo, e che geometri di lui più fortunati avrebbero poi spaziato nel campo ch'egli compiacevasi di aver loro dischiuso (43). Ciò poté dire, perché sentiva in fondo all'animo d'aver cólto nei recessi dell'infinito que' principi, che, pochi e semplici, pur sono quelli che di lì muovono, e diffondendosi poi pel gran mare dell'essere, producono innumerabili forme, connettono innumerabili leggi, e sostengono l'armonia del sensibile universo.

Ed eccovi, o Signori, per quanto fu a me possibile ritrarvelo, il miracolo di quell' ingegno ch'oggi abbiamo preso a soggetto di encomi e festeggiamenti. — Ma perché dunque, potrà qui taluno osservare, se fu sì grande questo Geometra lombardo, non ne corre il nome sulle bocche di tutti, come pur vi corrono quelli de' principali filosofi cui devesi l'ampliamento delle scienze? Io già v'indicai quanto basta alla spiegazione di sì fatto enigma. Le minori scoperte del Cavalieri furono come ecclissate da quella massima di cui abbiamo fin qui ragionato, e questa alla sua volta venne in certo modo assorbita dalle opere maggiori che sopraggiunsero, alle quali essa aveva dato origine. Se però di presente la geometria degli indivisibili non sarebbe libro opportuno per chi non si studia che di affrettare una copiosa raccolta di cognizioni (potendosi egli a tal uopo giovare di mezzi spesso più pronti e più efficaci), deliziosa ed utile ne troverà anche oggidì la lettura chi nelle opere dei grandi maestri, oltre la somma delle verità, cerca altresì una rivelazione segreta della potenza e dell'arte messe in uso per ritrovarle. — Nè qui finisce quanto di straordinario può notarsi intorno alla rinomanza di quest'uomo. Lento per lo più è il progresso con cui anche i migliori ingegni vengono in voce di sapienti: il loro merito rade volte è ben compreso dai contemporanei: ed una stima trionfatrice d'ogni malevolenza è corona che d'ordinario non si deposita se non sopra una tomba da molt'anni serrata. Però, rispetto al Cavalieri, la cosa procedette per via di eccezione. Forse in anticipata ammenda di quel manco di celebrità, cui per le indicate circostanze doveva poscia andar soggetto, egli godette vivente del maggiore fra gli umani compensi possa un uomo di scienze desiderare. Il suo libro corse rapidamente per tutta Europa: i migliori geometri presero a studiarlo, a farne uso nelle loro ricerche, e i più a comunicarne eziandio coll'Autore. Era fra loro un darsi moto, un chiedere, un rispondere, come quando una grande novità viene a scuotere gli uomini, e a togliere dai consueti loro andamenti. Noterò in Italia il Torricelli, il Viviani, il Rocca, il De Angeli, il Nardi; in Francia il Niceron, il Beaugrand, il Mersenne, il Bouillaud; il Wallis con altri in Inghilterra; lo Schooten in Olanda, e in Germania taluno di que' medesimi che appartenevano alla scuola del Guldino (44). Mentre s'affollavano da tutte parti i nuovi trovati, mentre la scienza già conosciuta ritraevasi, quasi vecchio arnese, davanti allo sfoggio della nuova geometria, il Cavalieri era ancor vivo, ed assisteva a questa gara d'ingegni, come ad un convito, a una festa. Sicché venuto poi allo scorcio de' giorni, potè riuscirgli più placida la sua dipartita, scrivendo egli che omai v'era chi sapea maneggiare gl'indivisibili meglio di lui (45).

Le quali parole ci fanno conoscere non aver avuto quest'uomo, che sapea tanto, consapevolezza della propria superiorità: il che mi conduce spontaneamente a delinearvi altresì qualche tratto del suo carattere morale. Egli, la cui mente fu sì privilegiata, aveva anche l'animo adorno delle più care virtù: di virtù intendo, non accademiche o stoiche, ma portate a quella perfezione della quale avea indossate le divise. Presentandovi ora il Cavalieri sotto quest'altro aspetto, sento che solo per esso il suo elogio diviene compiuto. E veramente, che è mai la scienza se scompagnisi da virtù? una gemma caduta nel fango, dove perde le attrattive di sua bellezza (46). — Le lettere di lui agli amici, che ci furono conservate, nelle quali egli tutto versava il suo animo, ce lo mostrano facile lodatore del merito altrui, ostentatore del proprio non mai. Vi si riscontra, insieme col candore e l'urbanità, quella franchezza che toglie ogni orpello all'errore (47), e se ne può inferire che il basso sentire di sè e la moderazione cogli altri era in lui conseguenza di un dominio acquistato a forza d'atti virtuosi, non già effetto di pusillanimità o di una naturale freddezza.

Della sua modestia havvi in Fontenelle questo bel detto (48), sembrare ch'egli chiegga perdono ai geometri d'avere messa in maggior lume la loro scienza e d'averne ampliata l'estensione. Ammirabile singolarmente il modo col quale si condusse nelle dispute scientifiche. Difendendosi dal Guldino, usò di molti riguardi: appena la frase riusciva alquanto vivace, s'affrettava a temperarla con parole di rispetto: e vi appalesò per soprappiù la generosità del vincitore che porge la mano al vinto. Imperocché il geometra svizzero, impugnatore degli indivisibili, aveva, come tutti sanno, pubblicato un famoso teorema che da lui prese il nome. Però quel teorema era stato piuttosto indovinato che dimostrato, conchiuso soltanto da illazioni e confortato di prove posteriori. Cavalieri vi applicò il proprio metodo (49), sperando giungere per questa via ad amicarsi il suo emulo : cosi si ebbe la prima diretta dimostrazione del teorema guldiniano. Ecco il modo di contendere fra i dotti, che fa progredire le scienze. Guldino guadagnovvi la vera dimostrazione del suo teorema; Cavalieri, una delle più belle applicazioni della sua geometria. Le quali cose considerando, mi tornano in mente quegli eroi d'Omero, che dopo aver combattuto a lungo fra loro, s'accommiatavano portando ciascuno in parte l'armatura dell'avversari.

Riassumendo, vi porrò innanzi il Cavalieri siccome uno di quegli uomini che fanno crescere in onore quanto ad essi appartiene. Onorò la sua famiglia, che quantunque abbia dato alla patria altri uomini benemeriti, riguarda pur sempre lui come il maggior de' suoi vanti (50). Onorò il suo Ordine religioso, nelle cui case occupò primarie cariche, e fu l'amore de' suoi confratelli beati del suo mite governo (51). Onorò la cattedra dello studio di Bologna, che tenne per 18 anni, dedicandovisi con zelo indefeso, sino a farvisi trasportare quando più non poteva reggersi sulla persona (52). Onorò il sacerdozio, adempiendone i doveri con quel contegno dolce insieme e venerabile che gli ebbero procurato l'illibatezza de' suoi costumi e l'abitudine de' pensieri gravi e benevoli. La diuturna infermità che il trasse al sepolcro, non mai crollò la lunganime sua pazienza, né mai spense sulle sue labbra il sacro inno di benedizione (53): che anzi di mezzo ai suoi dolori seppe egli trovare per altri parole di religioso conforto (54). Cosi la sua vita si consumò come un olocausto davanti al Supremo degli esseri che in lui avea fatto risplendere più viva l'impronta di sua rassomiglianza (55).

Che poi quest' uomo abbia grandemente onorato la patria e la nazione, ciò non deve or più essere un'asserzione sulle mie labbra, ma una persuasione in chi m'ascolta. Voglio sperare che sia, e che ognuno senta ora dentro di se vivamente, doveroso, se altro mai, essere quel tributo di estimazione e di plauso che, non senza pompa, rende oggi Milano alla memoria di Bonaventura Cavalieri. Quanto a me, riflettendo che l'inaugurazione del monumento si compie nel cospetto di tanto senno d'Italia, e che prima d'ora una si solenne occasione non sarebbesi presentata, quasi più non mi dolgo di sua troppa tardanza. Reputo poi che questa stessa tardanza contenga un'utile lezione la quale non andrà perduta, io spero, principalmente pe' giovani studiosi. Essa infatti c'insegna come il vero merito abbia in se quel principio di durevolezza che tien fermo in mezzo alle umane vicende. Può restare per qualche età occulto a parecchi o dimenticato: ma rinnovellati gli uomini, quando il tempo tra le sue devastazioni ha di già fatto cadere molte false glorie, e rovesciati molti argomenti dell'uman fasto, esso emerge alla perfine d'infra quelle macerie, e viene lento a collocarsi sopra una sede di dove nulla più vale a smuoverlo.

E quanto all'I. R. Istituto di scienze, lettere ed arti, voi, o Signori, giudicherete che ben gli era dicevole il farsi promotore dell' odierna solennità, e il riserbarsi le lodi del grand' uomo, qualunque sia poi stata la voce scelta per compiere si grato ufficio. — Corrono tempi nei quali vediamo le più colte nazioni d'Europa volgere quella attività, cui già proponevansi altri fini; a cercare migliori conquiste coll'allargar la provincia delle utili cognizioni. Una tale tendenza si pronuncia sempre più, e si rinforza mercé la saggezza de' Governi, le cure de' Municìpj e l'opportunità di recenti istituzioni. À che altro mirano infatti queste annuali radunanze, che passando di città in città, vi rialzano il concetto delle buone discipline, ne accendono l'amore e ravviano gli spiriti a tenere in maggior pregio quanto v'ha nell'uomo di più nobile, la ragione? Dell'interior sentimento poi suol essere un'espressione l'esaltare coloro che prima di noi s'adoprarono a tutt'uomo per conseguire l'oggetto medesimo de' nostri voti e de' nostri sforzi. Siccome pertanto nelle scorse età, mentre a diversa meta erano indirizti i pensieri, celebravansi fra i popoli nomi altrimenti famosi: e adesso convien porre in alto quelli dei più chiari maestri nelle scienze che aiutano il bene sociale. Il perché noi scegliemmo Colui che in questa contrada fu il più grande antesignano de' nostri studi, e fattici di tanta gloria scientifica quasi una nostra impresa, ci sentimmo più incoraggiati per venire a prender posto innanzi all'universale rappresentanza del sapere italiano.

Le Note di Piola, dalla (1) alla (13).

Alla fine del testo, il Piola aggiunge numerose note, che saranno ora riportate solo in forma molto concisa. Le parole del Piola saranno riprodotte in corsivo.

Nella nota (1) Piola dice che il lettore troverà *argomenti bastanti a convincersi che questa asserzione non è ardita, come può parere a prima giunta.* In particolare nelle testimonianze del Torricelli, e nelle Note (6), (44).

(2) Piola riserva ad altro luogo alcune notizie attorno alla famiglia di Cavalieri. Dice che il Cavalieri fu promosso a tutti gli ordini minori il 20 Settembre 1616, e al Diaconato il 5 Giugno 1621, dal Cardinale Arcivescovo Federigo Borromeo. Egli era già religioso "Gesuato" l'anno 1616, cioè in età d'anni 17, etc. A commento di quanto dice Piola, voglio aggiungere che il Gesuato è un frate d'un ordine fondato nel sec. XIV dal B. Giovanni Colombini, che prese nome da Gesù al pari dei Gesuiti e indi soppresso da Clemente IX.

(3) *Alcuni, tra' quali un celebre scrittore vivente, vollero fare del Cavalieri un Gesuita piuttosto che un Gesuato. Se a togliere di mezzo questo equivoco, vi fosse ancora mancanza di prove, direi che essendomi stato concesso di consultare nell'Archivio di S. Spirito le antiche carte relative a*

congregazioni religiose, trovai in un atto capitolare dei PP. Gesuati di S. Gerolamo in Milano, di quel torno di tempo, in linea con altri nomi anche quello del P. Bonaventura da Milano. Ma a che nuovi argomenti, quando sul frontispizio delle principali opere del Cavalieri non è mai omessa la qualificazione di Gesuato dell'Ordine di S. Gerolamo e, voltata qualche pagina, vi si trova sempre la permissione per la stampa del libro data all'Autore, come ad individuo di quella religiosa famiglia, dal P. Generale dell'Ordine de' Gesuati?

(4) Di questa cattedra monastica di Teologia parla il Ghilini, scrittore contemporaneo al Cavalieri (Girolamo Ghilini, nacque a Monza nel 1589 e morì nel 1668 ad Alessandria). Anche durante la sua dimora in Milano e il suo insegnamento teologico, Cavalieri coltivava in segreto gli studi di matematica.

(5) *Narra Urbano Daviso[4] che mandato il P. Bonaventura di 33 anni al convento di S. Gerolamo di Pisa, vi ebbe dal P. Benedetto Castelli Benedettino il consiglio di applicarsi allo studio della Geometria, come a mezzo per distogliersi dalla malinconia in cui era caduto in conseguenza della cangiata dimora: ch'ei gli diede ascolto, e in pochissimi giorni scorse gli Elementi di Euclide colla facilità non di chi impara, ma di chi ricorda cose già sapute: che subito dopo si pose a studiare da solo Archimede, Pappo, Apollonio, e tutti gli antichi; talché meravigliato il Castelli di sì rapido profitto, presentò il portentoso giovine al Galileo, il quale se gli affezionò più che non a verun altro de' suoi alunni. Confesso ch'io mi sentiva di preferenza inclinato a tener per vera l'opinione espressa nella Nota precedente, ma una lettera inedita del Galileo, recentemente comunicatami, venendo in appoggio della narrazione del Daviso, non parmi ora più lecito dubitarne. Il lettore ritroverà tal lettera nella seguente Nota (7), di dove non volli toglierla perchè vi sta in relazione con altre. Da Pisa passò il Cavalieri al convento di S.*

---

[4] Urbano Daviso o D'Aviso (1618-1685), allievo di Bonaventura Cavalieri

Benedetto di Parma. In Pisa erasi fatto matematico, in Parma divenne autore: giacché il libro dello specchio ustorio, e quello più mirabile della geometria degli indivisibili, quantunque pubblicati di poi in Bologna, furono, almeno nel primo getto, lavoro di quell'epoca. Da Parma il Cavalieri recossi a Bologna, ove stette fino alla morte. Per mezzo di questa storia presentemente bene accertata, riesce anche più meraviglioso che il Cavalieri, il quale di 33 anni sarebbe stato ancora digiuno di geometria, abbia potuto, in meno di sei anni, giungere a tale da farsi autore di un'opera qual è la seconda delle surriferite.

(6) La questione di cui qui si tratta è quella che si riferisce all'infinito matematico: e se sia vero che di tali infiniti possa dirsi essere uno non solo maggiore ma anche multiplo di un altro. Galileo la vedeva così "Qui nasce subito il dubbio, che mi pare insolubile, ed è, che sendo noi sicuri trovarsi linee

una maggiore dell'altra, tuttavolta che amendue contengano punti infiniti, bisogna confessare trovarsi nel medesimo genere una cosa maggiore dell'infinito: perchè l'infinità dei punti della linea maggiore eccederà l'infinità dei punti della minore. Ora questo darsi un infinito maggior dell'infinito, mi par concetto da non poter essere capito in verun modo... (Galileo, Dialogo intorno alle Science nuove: ediz. di Padova del 4744, pag. 30.)."
Oltre a riportare Galileo, Piola dice che il Torricelli in tale questione la pensasse come il Cavalieri. *Appare assai chiaro da un luogo della terza delle sue Lezioni Accademiche, dove essendo egli pure venuto al punto di dover ammettere necessariamente un infinito maggiore di un altro, dice:* "*Qui bisogna che io rimetta questa causa al foro del meraviglioso Fra Bonaventura Cavalieri, appresso al quale non solo non è assurdo che un infinito sia maggiore di un altro, ma è necessario.*" Tra gli oppositori di Cavalieri, Guldino si fa forte proprio dei citati passi del Galileo. Cavalieri si scherniva di questa obbiezione, però si sentiva a disagio per i commenti di Galileo e di Guidino; *pare anzi che in qualche momento se ne desse grave pensiero. Ciò rilevasi in ispecial modo dal seguente passo della prefazione al libro VII della sua Geometria. ...* Piola continua poi con un lungo confronto tra le posizioni di Galileo e Cavalieri.

(7) Delle testimonianze rese dal Galileo al Matematico milanese, ve ne ha alcune assai note, perché si trovano nelle opere edite del primo, e furono all'uopo da vari riprodotte, dice Piola, che riporta poi tutta una serie di documenti.

(8) L'invito al Cavalieri affinché passasse professor nell'Università di Pisa, invito ch'egli non accettò, quantunque gli offrisse patti più vantaggiosi, ci è comprovato da due atti scritti che Piola riporta.

(9) L'aumento degli stipendi a titolo di premio risulta con abbondanza di prove dagli Atti riferiti nella Nota precedente.

(10) Sulla prima asserzione vedasi Montucla, Histoire des Mathématiques, T.II, pag. 28; quanto alla seconda, Piola rimanda a Nota (56) sulle Opere minori del Cavalieri.

(11) Vedi Nota (56).
(12) Trovansi queste ricerche dell'Autore nella sesta delle sue Esercitazioni Geometriche, pag. 458. (13) Vedi la Nota (56).

La nota (14) sullo specchio di Tolomeo

Nota del Piola particolarmente interessante che dice le cose seguenti.

Torna bene il riferire per intero il passo dell'Autore (Cavalieri) cui si allude in questo luogo: "Potrei anco dire, come l'effetto del cannocchiale si avrebbe forse anco dalla combinazione di questi specchi, o de' specchi con le lenti, se ben la facilità del produrre la figura sferica farà che ci prevagliamo piuttosto di questa che delle altre; conciosiacosa adunque che lo specchio concavo facci l'operazione della lente convessa, e lo specchio convesso della lente cava, è manifesto che se combinaremo lo specchio concavo con il convesso, ovvero con la lente cava, dovremo aver l'effetto del cannocchiale, e tale forse fu lo specchio di Tolomeo, laonde con tale occasione non mancherò di dire, come avendo più volte sentito cercar da alcuni il modo di fare un paro d'occhiali, che facessero l'effetto del cannocchiale, io pensai che ciò in tal modo si potesse fare, cioè che si collocasse un traguardo da una banda, e dall'altra uno specchietto cavo, poiché mettendoci noi questo paro d'occhiali, con il contrapporvi uno specchio piano avvicinato, o allontanato, quanto comporta il veder distintamente l'oggetto dentro lo specchietto cavo (scorgendosi però l'uno e l'altro nello specchio piano, anteposto alla nostra faccia) si otternerà l'effetto del cannocchiale, egli è però vero che dovendo stare questi allo scoperto, faranno il medesimo che il vetro cavo o convesso, adoperati fuor della canna, anzi per farsi una riflessione di più, cioè dallo specchio piano, verremo anco perciò a scapitar più nell'operazione, ciò però con questa occasione ho voluto accennare, come per una bizzarria, per dar qualche soddisfazione a' curiosi, che voglion cercar miglior pane che di farina, poiché all'eccellenza del

cannocchiale non arriveranno mai, per mio credere, né i specchi combinati insieme, né accompagnati con le lenti, come chi ne vorrà far prova, credo si potrà assicurare". (Specchio Ustorio, pag. 426.)
Il lettore avrà notate quelle parole: "tale forse fu lo specchio di Tolomeo". Che gli antichi usassero di qualche strumento simile al telescopio a riflessione, è questione trattata eruditamente dal signor Libri nella sua opera Histoire des Sciences malhématiques en Italie (pag.215). Fu creduto generalmente che molto vi fosse di favoloso nelle memorie che ce ne pervennero: ma il suddetto autore reca un documento degno di fede dal quale apparirebbe che la mirabile macchina a specchi dei Re Tolomei venisse trasportata, sul declinare del Romano impero, da Alessandria a Ragusa, dove stesse occultata e conservata gelosamente per modo che vi era tuttavia nel secolo XVII. Il nostro Cavalieri amava esercitare il suo ingegno nell'investigare i trovati degli antichi, dei quali non ci è restato che qualche narrazione in confuso.

- Guillaume Libri (1803-1869), Histoire des sciences mathématiques en Italie, depuis la Renaissance des lettres jusqu'à la fin du dix-septième siècle

Voglio aggiungere alla nota del Piola un passo dall' "Archimede", di Antonio Favaro, Collana Profili, 21, Seconda edizione, A. F. Formiggini Editore; Roma, 1923,
"Ed il Libri scrive, e noi lo registriamo per quel che può valere, come al suo tempo si mostrasse ancora a Siracusa il luogo di dove Archimede faceva le sue osservazioni celesti. Delle quali è probabile che pur qualche cosa fosse detto nella Sferopea già ricordata e che andò perduta, come pure, e ormai irremissibilmente, si perdettero i libri di Catottrica che da Teone sappiamo avere Archimede dettati, e che non sono da confondersi col trattato intorno agli specchi ustorii attribuitogli da Olimpiodoro e da Apuleio. Ma noi abbiamo voluto tenerne parola qui, perchè vi si collega direttamente la strana notizia contenuta in una lettera con la quale Tito Livio

Burattini, fisico veneto del secolo decimosettimo, accusa da Varsavia al Bouillaud ricevimento del disegno e della dichiarazione del "tubo catoptrico", cioè del telescopio a riflessione del Newton.

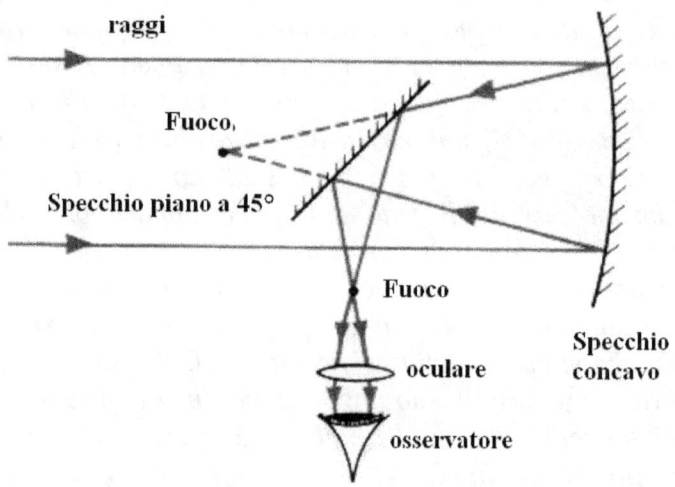

Schema del telescopio a riflessione di Newton, formato da uno specchio concavo, uno piano e un oculare.

Egli scrive infatti che a Ragusa di Dalmazia esisteva al suo tempo una macchina con la quale potevano vedersi alla distanza di venticinque a trenta miglia i vascelli che navigavano nell'Adriatico, e che per tradizione era attribuita ad Archimede; ed aggiunge credere egli, fosse quella istessa che i Tolomei avevano posta sopra la torre del faro di Alessandria e mediante la quale, secondo una leggenda musulmana, si vedevano le navi uscire dai porti della Grecia."

La Nota (15) e il vaso idracontisterio
Il Cavalieri non era solo un matematico. Oltre all'interesse per le scienza antiche, specialmente per l'ottica, aveva anche

costruito una macchina che serviva per lanciare l'acqua, ossia una pompa antincendio, che allora si chiamavano "trombe".

Ecco che cosa ci dice il Piola a proposito, nella nota 15.
Quest'ordigno fu dal Cavalieri chiamato Vaso Idracontisterio cioè vaso che slancia acqua: egli ne diede la descrizione sul fine del libro delle Esercitazioni Geometriche, accompagnandola di due figure. Veramente una tal descrizione è in alcune parti oscura ... Nondimeno con un po' di pazienza, considerando lo scritto e le due figure, si può benissimo venire a capo di conoscere il magistero del congegno, e ciò è tanto vero che essendosene letta dallo scrivente (Piola) in un'adunanza dell' I. R. Istituto, 23 Novembre 1843, una descrizione più minuta, fu presa la risoluzione di farne costruire un modello operativo. Non entrerò qui a voler spiegare quanto, senza l'accompagnamento d'una figura, sarebbe difficilmente inteso: dirò solo che il massimo pregio d'un tale strumento è la semplicità, non avendo alcuna valvola, ed una sola ala mobile invece delle quattro che scorgonsi nella tromba di Dietz. Narra il Daviso che il Cavalieri fece costruire questo ordigno e lo mise in attività sulla sponda del pozzo del suo convento, e che dopo la sua morte lo strumento passò in proprietà del Duca Carlo II di Mantova, il quale ne decorò il giardino di una sua villa.
Credo che il primo che abbia fatto ricerche intorno al problema meccanico di cambiare il moto rotatorio continuo in rettilineo parimente continuo sia stato l'italiano Ramelli, il quale pubblicò i disegni delle artifiziose sue macchine in Parigi fin dall'anno 1588. In tempi posteriori si costrussero, con questo intento, varii meccanismi più o meno complicati, tra' quali si ebbero pei migliori due trombe, l'una del meccanico inglese Bramah, e l'altra del meccanico Dietz. Quella del Cavalieri, tanto più antica d'entrambe, è anche, per quanto a me pare, tale da disgradarne le ingegnose loro costruzioni. Una cosa poi molto curiosa si è che la tromba inglese del Bramah, meccanico che viveva alla fine del

secolo passato (XVIII secolo), della quale si può vedere il disegno e la descrizione nel Tomo 16° del Dictionnaire Technologique, ou des arts et métier, era già conosciuta fin dai tempi del Cavalieri, essendo precisamente la medesima ch'egli dice di aver osservata, e che gli fece nascere il pensiero della sua. Parendomi interessante questa rettificazione nella storia della scienza, ... E il Piola riporta quanto detto da Cavalieri.

Le Note dalla (16) alla (21).

(16) Vedi la Nota (56)

(17) *Ciò di cui qui si parla è una fra le varie conseguenze del famoso teorema che formerà il soggetto della seguente Nota (49): invito quindi il lettore a voler por mente a quanto si dice in quella Nota verso il fine di essa. Se la proposta di raffrontare fra loro e cosi misurare gli angoli solidi, viene dai Geometri accettata, reputerò che non sia riuscita inutile per la scienza la mia presente fatica.*

(18) *La soluzione, della quale si fa menzione, trovasi nella Esercitazione sesta, pag.504. Ne discende questo bel teorema: il punto cercato è dentro il triangolo determinato dai tre punti dati, ed è tale che, congiunto coi tre vertici, le rette congiungenti fanno tra loro tre angoli eguali. ...*

(19) *Poiché le lodi sono più credute in bocca degli avversari, riferirò qui il teorema di cui si tratta colle parole stesse del Guidino...* Lunga nota del Piola sul lavoro di Cavalieri sulle dimostrazioni delle regole del Napier sul triangolo sferico e del teorema sulla quadratura di ogni triangolo sferico che, attribuito al Girard, fu rivendicato al Cavalieri dal Lagrange.

(20) Il Piola riporta il passo del Montucla. Jean-Étienne Montucla (5 September 1725 – 18 December 1799)

(21) Altro passo del Montucla.

La Nota (22) su describendi parabolam modus e sulla spirale archimedea

Dice il Piola

(22) *Per una epitome della Geometria degli indivisibili può leggersi quella che ne fece il Frisi alla pag. 22 e seguenti del suo Elogio, e che fu poi tradotta in latino dal Fabroni; ovvero quella compilataci dal Montucla alla pag. 40 e seguenti della sua opera più volte citata, Tomo II. Ne diede una anche il Franchini nel suo Saggio sulla Storia delle matematiche. (Lucca, 1821, pag. 183-186.) Crederei però che a tutte debba essere preferito il prospetto di quell'opera datoci dallo stesso Autore sul finire della Esercit. II, avvertendo che per quanto riguarda il libro VI, l'Autore rimanda al cenno più compendioso posto antecedentemente al N. 39 della Esercit. I. Dall'indicato prospetto apparisce che il più gran numero delle nuove cubature trovasi nei libri III, IV e V; nel III per tutti i solidi che nascono dalla rotazione di segmenti di circolo o di ellisse: nel IV pei solidi simili nati dal rivolgimento di segmenti di parabola; e nel V pei simili rispetto all' iperbole. I quali rivolgimenti potendosi variare in moltissime guise, ne risulta un numero stragrande di solidi, la cui misura venne ivi per la prima volta assegnata, compresa la conferma di varie cubature prima conosciute o soltanto sospettate...*

Se però mi dispenso dell'accennata epitome, come di cosa già fatta, credo meglio impiegato lo spazio di questa Nota nel far conoscere un insigne teorema del Cavalieri, da lui posto nel VI libro della sua Geometria, il quale versa quasi per intero sugli spazii spirali. E ciò non tanto per rivendicarlo da certuno che volle attribuirlo al geometra fiammingo Gregorio da S. Vincenzo (bastando a tal fine il dire che il libro di Cavalieri comparve nel 1635, e quello di Gregorio da S. Vincenzo nel 1647), quanto per rettificare il relativo passo del Montucla che a pag. 41, Tomo II della sua Storia, ne parla inesattamente.

Comincerò dall'esporre a modo di lemma una proposizione la quale parmi per sé sola un'invenzione delle più brillanti, presentandoci la descrizione per punti della parabola col solo mezzo di linee rette. Cavalieri medesimo ebbe a chiamarla: novus, ni fallor, ac pulcherrimus describendi parabolam modus.

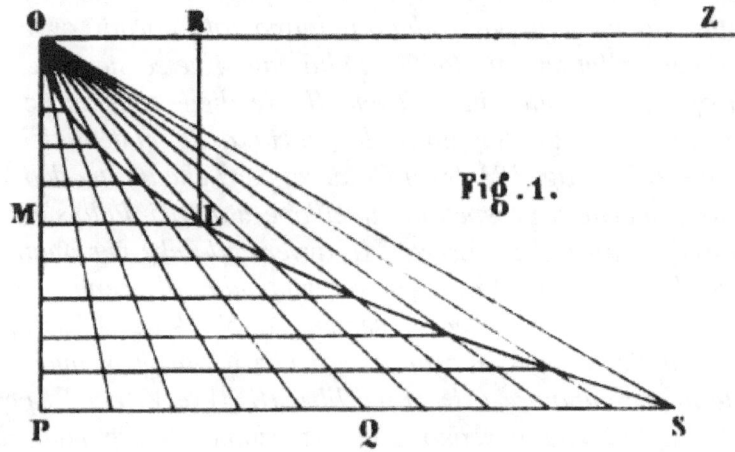

In un triangolo rettangolo dividasi un cateto in un numero qualunque n di parti eguali, e tutti i punti di divisione si congiungano col vertice dell'angolo opposto. Dividasi poi l'altro cateto parimente in n parti eguali, e dai punti di divisione si tirino tante parallele al primo cateto: tali parallele incontreranno quelle prime congiungenti. Ora i punti d'incontro presi per ordine partendo dal vertice di cui si è detto, cioè della prima parallela colla prima congiungente, della seconda colla seconda, della terza colla terza, ec. , formano colla loro successione una parabola avente per parametro una terza proporzionale dopo il primo e secondo cateto.
Tale parabola passa per le due estremità della ipotenusa: l'area compresa fra i due cateti e la curva è due terzi di quella del triangolo: quindi l'area compresa fra la curva e l'ipotenusa ne è un terzo: è così la prima area doppia della seconda. La dimostrazione ne è facile e affatto elementare per mezzo dei triangoli simili: ciò intendasi per la prima parte,

perché se parlasi della seconda, vi è supposta conosciuta la quadratura della parabola dataci da Archimede. Quante altre belle cose simili a queste potrebbero cavarsi dalle opere del Cavalieri, spogliandole di una certa ruvidezza che è moltissimo accresciuta dall'infelicità dell' edizione e dalla forma disgraziatissima delle figure!

Bisogna proprio dire che questa costruzione della parabola è molto bella. Ci accorgiamo, facendola insieme, che questa è una costruzione con indivisibili, che porta ad ottenere la parabola come una curva costruita con i punti che sono l'intersezione tra una parallela ed una congiungente. Aumentando il numero n di queste rette si arriva a coprire tutta la curva.

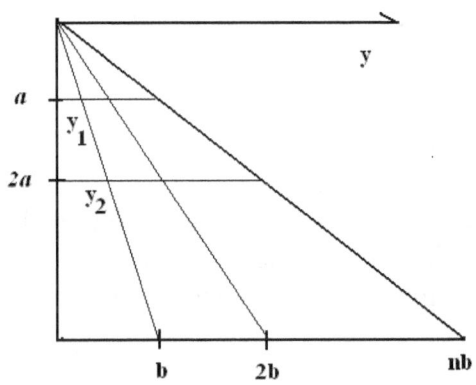

Prendiamo un asse orizzontale e chiamiamolo y. Poi consideriamo un cateto come un asse verticale. Su esso prendiamo i punti $a, 2a$, etc.

Usiamo appunto la similitudine dei triangoli mostrati nella figura per dire che:

$$a/y_1 = na/b \rightarrow y_1 = b/n$$
$$2a/y_2 = na/2b \rightarrow y_2 = 4b/n$$
$$3a/y_3 = na/3b \rightarrow y_3 = 9b/n$$
$$....$$
$$ia/y_i = na/ib \rightarrow y_i = i^2 b/n$$

Che è proprio quanto ci aspettiamo da una parabola. Se prendiamo il piano cartesiano x,y per sviluppare il metodo di Cavalieri, arriviamo, generalizzando la $y_i = i^2 b/n$ al continuo, ad una funzione $y = c \cdot x^2$.

L'equazione $y_i = i^2 b/n$ mostra a sinistra la lunghezza y e a destra la lunghezza b. Gli interi i sono rapporti privi di dimensione. L'equazione, quanto a dimensioni, è quindi corretta. L'altra equazione $y = c \cdot x^2$, dal punto di vista dimensionale, è più complessa. Se y ed x sono lunghezze, la costante c deve essere dimensionata.

Il metodo proposto da Cavalieri può essere generalizzato per avere una cubica per esempio, ponendo:

$$ia/y_i = na/i^2 b \rightarrow y_i = i^3 b/n$$

E così via per le altre curve.

Adesso proviamo a calcolare l'area sottesa dalla parabola, considerando il cateto $A=na$, e l'altro cateto $B=nb$. L'area sottesa è la somma di tanti rettangoli e triangoli, per cui:

$$Area = \sum_{i=1}^{n}(y_i - y_{i-1})\frac{a}{2} + \sum_{i=1}^{n}(y_{i-1})a = \sum_{i=1}^{n}(y_i + y_{i-1})\frac{A}{2n} =$$

$$= \sum_{i=1}^{n}\left(\frac{i^2 b}{n} + \frac{(i-1)^2 b}{n}\right)\frac{A}{2n} = \sum_{i=1}^{n}(i^2 + (i-1)^2)\frac{AB}{2n^3}$$

$$Area = \lim_{n \to \infty} \sum_{i=1}^{n}(i^2 + (i-1)^2)\frac{AB}{2n^3} = \frac{2}{3}\frac{AB}{2}.$$

Ossia è i due terzi dell'area del triangolo. Per quanto riguarda la dimostrazione, il Piola dedica ad essa la prima postilla matematica, corredata del calcolo completo.
Continuiamo ora con la nota del Piola.

Vengo alla proposizione principale, permettendomi nella esposizione qualche cambiamento a fine di renderla più evidente. Immaginiamo la spirale di Archimede, cioè quella curva che è descritta da un punto, il quale, mentre si gira il raggio per descrivere un cerchio, si muove su pel raggio, dalla periferia al centro, di moto uniforme e tale che il punto mobile giunga al centro nello stesso istante in cui il raggio arriva alla posizione d'onde è partito. Ora rappresentiamoci un triangolo rettangolo di cui un cateto eguagli il raggio del suddetto circolo, e l'altro la mezza circonferenza dello stesso circolo rettificata: e in tal triangolo s'intenda descritta la parabola mediante il lemma precedente.

Ecco l'insigne teorema: la spirale terminata tra la periferia e il centro del circolo, e la parabola entro il detto triangolo sono due curve le quali, rettificate, si trovano della stessa lunghezza: di più, lo spazio chiuso dalla spirale e dal raggio generatore nella sua prima od ultima posizione, e lo spazio del triangolo mistilineo fatto dai due cateti e dalla parabola, sono fra di loro eguali.

Il Montucla fa il triangolo rettangolo con un cateto eguale non alla mezza ma all'intera circonferenza, ed asserisce che la parabola e la spirale sono egualmente lunghe. Anche una semplice ispezione basta per capire che ciò non può essere.

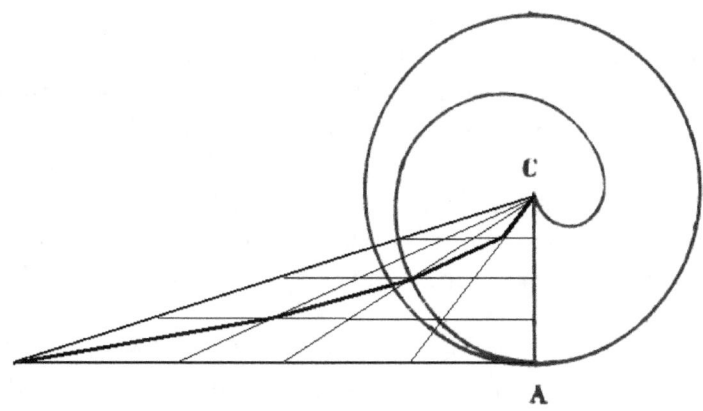

Nel triangolo mistilineo essendo evidentemente la parabola maggiore del cateto più lungo, se questo fosse eguale alla circonferenza, ne verrebbe che la spirale eguale alla parabola sarebbe maggiore della circonferenza del circolo; mentre è manifesto che ne deve essere minore pel principio assiomatico d'Archimede. Il Montucla aggiunge che lo spazio eguale a quello del triangolo mistilineo non è lo spazio spirale, ma l' interposto tra la spirale e la circonferenza. Il che è vero quando il triangolo è nelle condizioni da lui stabilite, ma allora la seconda parte della proposizione non più si concorda colla prima. Bisogna però convenire ch'era qui facile prendere equivoco, non rifacendo da capo la dimostrazione (il che adesso si può eseguire speditamente col sussidio del calcolo integrale), perché quella data dall'Autore è assai complicata e laboriosa .

Le seconda postilla matematica del Piola riguarda proprio questo teorema.

Le Note dalla (23) alla (32)

(23) Il Guldino, dice Piola, non tralasciò di approfittare anche della indicata circostanza per far credere che Cavalieri avesse desunto dal Keplero i principi della sua Geometria, aggiungendo anche che vi erano analogie con delle figure del Sovero (Bartolomeo Sovero, 1576-1629). La nota riporta le risposte del Cavalieri e dice che nel 1629, un anno prima che uscisse l'opera del Sovero, la Geometria degli indivisibili era già stata scritta e consegnata al Senato di Bologna.
Sui rapporti tra il Cavalieri, il Valerio ed il Sovero, si veda l'articolo di Daniele Napolitani, La Rivoluzione scientifica - I domini della conoscenza: Le innovazioni di Luca Valerio e di Bonaventura Cavalieri, Storia della Scienza (2012), Treccani.it

(24) *"L'epoca di tutte le scoperte deve fissarsi non già ad un primo lampo, a qualche idea indeterminata, o a qualche remota relazione, ma bensì all'analisi e allo sviluppo degli elementi che formano e definiscono un'invenzione"* (Frisi.

Elogio del Galileo). Parole sapienti sono queste, e deve sentirne la verità chiunque non sia straniero alla storia delle nostre scienza. Che se poi si volesse accuratamente indagare a chi debbansi i primissimi germi delle teoriche matematiche pel passaggio dal finito all' infinito, si troverebbe che, piuttosto che al Keplero, conviene darne il merito ad un Italiano, a Pietro Antonio Cataldi,[5] professore nell'Università di Bologna e antecessore immediato del Cavalieri. Veggasi quanto ne scrisse il Libri. (Histoire des sciences math. en Italie. T. IV, pag. 87 e seg.)

Ho detto che Cataldi fu l'antecessore immediato del Cavalieri, il che sembra contraddire al fatto da molti asserito, del quale recammo prove anche in queste Note, essere il Cavalieri succeduto al Magini. Ma convien sapere (erudizione comunicatami dal Gherardi) che due erano in quel tempo i professori di matematica nell'Università di Bologna, i quali, per quanto spettava all'istruzione cattedratica, alternavano il soggetto delle lezioni, insegnando ciascuno di essi ogni anno quella scienza che il compagno avea insegnato l'anno antecedente. Però uno solo di loro portava il titolo di Matematico primario e di Astronomo: non per le pubbliche lezioni astronomiche, alle quali era egualmente tenuto il suo collega, ma per l'insegnamento privato d'Astronomia ch'era obbligato dare ad ogni richiesta, per l'incarico di fare le osservazioni celesti, e di compilare effemeridi e tavole, ed anche di stampar opere su tale materia. Magini, matematico primario ed astronomo, morì nel 1617: né altri portò quei titolo fino al Cavalieri, nominato nel 1629. Ma il Cataldi, senz'essere fregiato di quell'onorevole qualificazione, durò nell'insegnamento fino al 1626, e ne sostenne per più anni da solo tutto il peso.

---

[5] Pietro Antonio Cataldi, (Bologna, 1552 – 1626) è noto soprattutto per i suoi apporti al calcolo delle radici quadrate mediante serie aritmetiche e l'algoritmo delle frazioni continue, sviluppando l'opera di Rafael Bombelli. Si occupò inoltre della dimostrazione del quinto postulato di Euclide e scoprì il sesto e il settimo dei numeri perfetti. Il suo lavoro sulle tecniche algebriche venne inoltre applicato alla sfera militare.

Pertanto, se vuolsi aver riguardo unicamente al titolo, Cavalieri succedette al Magini; ma se, come pare più ragionevole, si considera l' ufficio a cui il titolo era annesso, il più vicino antecessore di lui fa il Cataldi.

E' interessante notare che all'Università di Bologna, oltre all'insegnamento, c'era anche il compito di far da consulente.

(25) Nota in francese che riporta il Montucla.
(26) Fontanelle sul Roberval.
(27) Citazione di Lagrange.
(28) sulle obiezioni di Guldino e sulle risposte di Cavalieri.
(29) Il testo di Piola dice che Cavalieri si rendeva ben conto che se $\int x dx$ è una superficie, alla linea x è necessaria aggiungere l'altra dimensione che viene dal dx. Vedi la seguente Nota (38).
(30) Vedi la precedente Nota (28).
(31) Il passo di Cavalieri sul nodo di Gordio.
(32) Passo del Maclaurin, Traité des fluxions, traduit par Pezenas, T.1. Int. pag. XLIX-L

La Nota (33): Differenziali e Flussioni

Dice il Piola nella sua nota (33).

Qui mi farò forte di quanto scrisse su questo stesso argomento il mio illustre maestro Vincenzo Brunacci: "Il Cavalieri, nella sua Geometria degli indivisibili, ha considerato la linea, la superficie ed il solido come generati dal punto, dalla linea e dalla superficie continuamente fluenti: cosi ha somministrato al Newton l'idea e la parola del calcolo delle flussioni. Cavalieri di più ha stabilito, che qualunque continuo è composto di un numero infinito d'indivisibili, ed ha così somministrato al Leibnitz la parola e l'idea del calcolo infinitesimale, giacché gl'indivisibili non sono altroché gl'infinitesimi, e lo stesso annoverese geometra promiscuamente usa questi due nomi nel dare i fondamenti dell'algoritmo differenziale. Ma le cose del Cavalieri erano vestite di geometria. L'applicazione dell'algebra alla geometria, tanto promossa dal Cartesio che se ne può quasi

chiamare l'inventore, mostrando come in poche linee si scrivono lunghissimi ragionamenti, dovea necessariamente far nascere il desiderio di tradurre in linguaggio analitico le teorie dei Cavalieri, che menavano allora tanto rumore. Tentò l'impresa il Wallis, e più felici di lui Newton e Leibnitz immaginarono contemporaneamente ciascuno un algoritmo per iscrivere le verità di quella sublime geometria e ne formarono così un puro ramo di calcolo, che estesero, mercé i loro simboli, alla considerazione di qualunque quantità". (Memorie dell' Istituto Nazionale Italiano, Classe di fisica e matematica, T I, Parte 2, pag. 82.)
Nelle Note a quella erudita Memoria lo stesso Brunacci aggiunge: "Se per invenzione del calcolo differenziale s'intende l'averne immaginato l'algoritmo analitico, certo che Leibnitz è l' inventore dei differenziali, come Newton lo è del calcolo delle flussioni. Ma se (qualunque pregio d'altronde s'attribuisca alle caratteristiche ed ai simboli) vogliamo dar la palma dell'invenzione a chi ha il primo considerate le quantità sotto quel punto di vista che permetteva d'assoggettarle ad una nuova analisi, il trionfo è del nostro Italiano".
Recato in appresso un lungo brano della prefazione alla Geometria degli indivisibili, il medesimo autore dice: "Ora parmi fuori d'ogni dubbio che in questo passo del Cavalieri siano contenuti tanto il principio tradotto in calcolo dal Newton, che quello tradotto in calcolo dal Leibnitz, e che ancora siano ben chiaramente espressi". Il mio maestro fece di più; per far vedere (sono sue parole) come i metodi del Wallis e del Leibnitz non siano che quello del Cavalieri in quanto alla sostanza, prese a cercare, secondo i metodi di ciascuno, la quadratura della parabola apolloniana. Condotto poi a fine il suo confronto con quella evidenza di espressione che sapea mettere in ogni sua scrittura, conchiude dicendo: "Cosi il calcolo differenziale altro non è che il metodo di Cavalieri tradotto in analisi. È però vero che il metodo degli indivisibili trattato con i simboli del Leibnitz, ha acquistato un'estensione, per dir così, infinita in confronto

di quella che avea tra le mani del Geometra italiano: come l'acquistò la geometria delle curve d'Apollonio e d'Archimede con l' applicazione dell' algebra che fece ad essa il Cartesio".

Le Note dalla (34) alla (55), e ancora su indivisibili

(34) Lagrange. Théorie des fonctions analytiques, pag. 2.
(35) *Veggansi le tre prime definizioni del secondo libro della Geometria degli indivisibili e l'appendice susseguente, ove se ne fa la spiegazione. Veggasi anche l'Esercit. I post. XVII e tutto il Cap. VII dell' Esercit. III, e si troveranno prove replicate di quanto disse il Brunacci sul principio del passo citato nella Nota (38). ... Veggasi il principio del Trattato di Newton De quadratura curvarum, e facendone un diligente confronto coi passi indicali al principio di questa Nota, ognuno dovrà convenire che ivi l'Inglese riproduce non solo le idee ma anche molte parole dell' Italiano.*
(36) Citazioni da Gauchy, Calcul différentiel, pag. 4; Leibnitz, Acta Erud. Lipsiae, an. 1695, pag.311; Mémoires de l'Acádémie Royale de Turin, an. 1784-85, 2a Partie, pag. 141; D'Alembert, Mélanges de Litt., d'Hist. et de Philosophie., T. V, § XIV, pag. 249.
(37) Alcuni passi del Cavalieri.
Il metodo di Cavalieri si basava sulle omnes linae, omnia plana che spazzavano le superficie ed i volumi. In questa nota il Piola ci dice che proprio per ovviare alle obbiezioni procurate da queste linee e piani egli aveva escogitato un secondo metodo per trattare gli invisibili, invece dei loro aggregati. Ma questo secondo metodo lo convinceva poco.
Diciamo quindi, che erano gli aggregati di indivisibili che funzionavano, non il singolo indivisibile.
(38) *Convien notare che negli aggregati d'indivisibili, come solea prenderli il Cavalieri, ci avea poi sempre un'idea sottintesa, cioè che le diverse linee di cui prendeva la somma per una superficie, e i diversi piani di cui prendea la somma per un solido, dovessero essere fra di loro equidistanti. Ciò è tanto vero che il Nostro Autore nel Capo XV della Esercit. III*

fece vedere che se non prendevansi eguali gl'intervalli fra quelle linee o quei piani, si veniva a conseguenze assurde. Ora unendo a tutte le linee e a tutti i piani gl'intervalli costanti, nascono i rettangoletti nel primo caso, e i solidetti nel secondo, cioè gli elementi alla maniera usata dai geometri posteriori. Con questa osservazione si può giustificare quanto dissero il Frisi ed il Montucla a fine di togliere quella durezza che loro sembrava trovarsi nel linguaggio assunto dal Cavalieri. Il Frisi, nel suo elogio, lasciò scritto: "In sostanza è lo stesso se alle quantità indivisibili si sostituiscono delle quantità infinitamente piccole che si possono ancora dividere in altre parti sempre minori: se il solido si intenda composto, non già di semplici superficie geometriche, ma di infiniti strati paralleli di un'altezza infinitesima: e così pure se in una superficie si intendano infiniti rettangoletti infinitamente piccoli, ed infinite lineette in una linea". (Elogio del Cavalieri, pag.21.) E più dopo: "Per uscire da tutti gli equivoci bastava ripetere che sotto il nome di quantità indivisibili si potevano intendere ancora delle quantità divisibili, ma tanto piccole che non avessero alcuna proporzione assegnabile colle altre quantità date e finite".(Ivi, pag. 47.) E il Montucla ... I suddetti geometri però non avvertirono forse abbastanza che Cavalieri, parlando degli elementi delle grandezze, limitossi sempre a fare espressa menzione di ciò solo che vi ha in essi di variabile quando si passa da uno all'altro, che è una linea nel primo caso e un piano nel secondo, tacitando sempre l' altra dimensione piccolissima costante. Ammetterò quindi la riduzione da essi proposta, che forse si operò anche nella mente di Cavalieri, ma non ammetterò che l'intervallo piccolissimo costante fosse da Cavalieri supposto infinitesimo secondo l'accettazione stabilita poi da Leibnitz, ... e ciò perché il nostro A. in più luoghi rifiutò apertamente il concetto dell' infinitesimo introdotto da Keplero. ... I passi poi riportati nella Nota precedente mi persuadono che di quanto spettava all'altra dimensione dell'elemento, Cavalieri ne aveva un barlume che gli faceva intravedere la maniera

con cui l'avrebbe poi riguardata la migliore delle scuole moderne; ma non potendo per questa parte metter fuori chiara la sua idea, la lasciò sottintesa. E per riuscire a tenersi in serbo tale idea, senza offendere il rigore geometrico, trovò un sottile artificio, quale fu quello di far uso delle proporzioni, dicendo che una superficie stava ad un'altra come tutte le linee dell'una a tutte le linee dell'altra. Avrebbe dovuto dire: come tutti i rettangoletti dell' una a tutti i rettangoletti dell' altra: ma siccome questi rettangoletti, considerati analiticamente, erano prodotti aventi per fattore comune quella quantità piccolissima costante, nella quale stava tutto il mistero, un tal fattore comune poteva intendersi tolto nel secondo rapporto della proporzione per mezzo della divisione, e allora quel secondo rapporto era soltanto di somma di linee a somma di linee. Lo stesso dicasi in quanto allo stare i solidi fra loro come una somma di piani a somma di piani. Anche questo espediente per evitare di esporre un'idea che non gli era riuscito fissare con sicurezza, e nondimeno annunziare teoremi veri a tutto rigore, quantunque espressi in linguaggio oscuro, è tal cosa che, a parer mio, dà a divedere un acume di mente straordinario.
Per la storia della scienza debbo far osservare essere stato Pascal quegli che forse meglio d'ogni altro intese profondamente il metodo di Cavalieri e il suo linguaggio. Reco l'apologia ch'egli ne scrisse ....
(39) ... Cavalieri parlando del numero de' suoi indivisibili, piuttosto che infinito amava chiamarlo indefinito, e ciò pure gli fu appuntato dal Guldino ... Ora noi comprendiamo che appunto la parola indefinito, aggiunta al numero degli indivisibili, indicava quel grado di divisione della quantità in elementi, al quale veniamo ad arrestarci arbitrariamente, perché è pur necessario un appoggio alle nostre considerazioni, ma che può essere spinto innanzi a piacimento: e questa sentiamo adesso essere la vera metafisica.
(40) Citazioni di Leibnitz e Newton.

(41) *Questa formula si cava prontamente dall' enunciato della Proposizione XXXI dell'Esercit. IV, e si riduce in sostanza ad esprimere che l'integrale (col primo limite zero) di una variabile elevata alla potenza n, è la variabile stessa elevata alla potenza n più l'unità, e divisa per n più l' unità. Qui si vede il primo distacco (parziale se non totale) dalle figure geometriche, e la prima contemplazione di una formola integrale enunciata colla generalità delle lettere. Cavalieri ne fu si colpito, che nella prefazione di detta Esercìt. IV chiamolla un tesoro ... Si può dunque dire francamente che la prima formula di calcolo integrale porta la data del 1640. ...*
La prima formula di cui si parla è la seguente:

$$\int_0^a x^n dx = \frac{a^{n+1}}{n+1}$$

(42) Del rammentato scolio, il Piola riporta il brano che più l'ha colpito: Exercit. V, Propos. L, Sch. I, pag. 440.
(43) Citazioni dalle Exercit. IV. ... *A questi passi si può aggiungere una nuova attestazione del Torricelli recata dal Frisi nella sua dissertazione De methodo fluxionum Geometricarum.*
(44) *Rimando alla Nota (6) su testimonianza resa dal Torricelli al Cavalieri ed alla Nota (40).* Poi lungo elenco di note di studiosi non italiani sugli indivisibili.
(45) Nella lettera al Rocca 28 Dicembre 1642 lo esorta a mettersi in corrispondenza di lettere col Torricelli.
(46) Da Fabroni. Vita Cavalerii, in fine.
(47) *Varie citazioni addotte in queste Note provano quanto ho da prima qui detto nell'elogio. Degne di essere riportate come notabili per lo schietto linguaggio sembranmi le due seguenti lettere (finora inedite) scritte a Galileo quando il Cavalieri domandavagli la sua mediazione onde ottenere la cattedra bolognese.* E il Piola riporta le lettere inedite e discute i rapporti con Galileo.
(48) Fontenelle. Préface de la Géométrie de l'infini, pag. 4, 5.

(49) *Già parlai più volte nelle Note precedenti di questa controversia tra il Guldino e il Cavalieri. Nella corrispondenza del nostro Autore col Rocca se ne fa menzione in più luoghi,* ... Piola riporta la corrispondenza.

(50) *Che la famiglia del nostro Matematico fosse fin d' allora tra le spettabili di Milano, e che abbia dato altri cittadini benemeriti, lo inferiamo dall' albero genealogico che se ne conserva, e dall'Argelati, il quale nelle Addenda alla sua Bibliotheca Scriptorum Mediolanensium ...*

(51) Intorno alle cariche sostenute dal P. Bonaventura nel suo Ordine parla il Picinelli (Ateneo dei Letterati Milanesi, pag.94)

(52) La particolarità qui accennata viene descritta da Cavalieri stesso nella lettera al Rocca 29 Dicembre 1637 e in un'altra al Galileo dell' 8 Aprile 1636.

(53) *Quanto fosse penosa questa sua infermità, meglio che dalle asserzioni de' biografi possiamo dedurlo da varie sue lettere.* Oltre alle lettere la nota comprende le orazioni funebri ed in memoria di Cavalieri.

(54) Lettera scritta a Bologna, 18 Agosto 1637, di Cavalieri a Galileo.

(55) Fabroni, Vita Cavalerii; Giambattista Corniani, in Secoli della Letteratura Italiana. Vol. VII, pag. 199.

La Nota (56): le opere minori del Cavalieri.

Piola comprende sotto tale denominazione tutte le opere del nostro Autore, che rimangono dopo le due primarie , ossia la Geometria indivisibilibus continuorum nova quadam ratione promota. Bononiae, Ferronius, 1635, e le Exercitationes Geometriae sex. Bononiae, Montius, 1647. L'elenco più compiuto delle opere del Cavalieri venne accuratamente compilato da Francesco Predari.

- Directorium generale uranometricum; in quo Trigonometriae logarithmicae fondamenta ac regulae demonstrantur, astronomicaeque supputationes ad solam fere vulgarem additionem reducuntur, Bononiae, Tebaldinus, 1632. In quest'opera Cavalieri dimostra le regole di Nepero fra cinque elementi del triangolo sferico, che Nepero aveva solo enunciato.

- Lo Specchio Ustorio, ovvero Trattato delle settioni coniche, et alcuni loro mirabili effetti intorno al lume, caldo, freddo, suono e moto ancora. Bologna, Ferroni, 1632. Vedi Capitolo specifico a Pag.73.

- Compendio delle regole dei triangoli colle loro dimostrazioni, Bologna, Monti, 1638.

- Centuria di varii problemi per dimostrare l'uso e la facilità dei logaritmi nella Gnomonica, Astronomia, Geografia, ec. Bologna, Monti, 1639.

- Nuova pratica astrologica di fare le direttioni secondo la via rationale, ec. Bologna, Ferroni, 1639.

- Appendice della nuova pratica astrologica, ec. Bologna, Ferroni, 1640.

- Trattato della Ruota planetaria perpetua e dell'uso di quella, ec. Bologna, Monti, 1646. (Sotto il finto nome di Silvio Filomanzio.)

Dice il Piola, *Ho riferiti tutti insieme questi titoli, perché mi conviene parlare di tali operette per qualche poco promiscuamente. L'A. stesso nella prefazione della Centuria consiglia il lettore a farne uno studio simultaneo ... Il Compendio abbraccia tutte le regole per la risoluzione dei triangoli sia rettilinei che sferici ... con miglioramenti nella Trigonometria. Questo libretto cogli altri summentovati ha per argomento precipuo quella parte di scienza che l' A. chiama Dottrina sferica. Ad essa appartengono i primi 56 problemi della Centuria: i seguenti 16 mirano a misurazioni di linee e superficie piane. Seguono misure di solidità, alcune delle quali procurate coi principi della nuova geometria. Tre cose mi parvero distintamente notabili nella Centuria. La definizione di superficie cilindriche e coniche portata a tanta generalità che maggiore non è in uso né meno presentemente. Il problema 80 per la misura delle botti ellittico - circolari, dove si dà una regola la quale é precisamente la medesima che oggidì si cava dalla nota formula del Rossi-Amatis dimostrata mediante il calcolo nel 1806. E il problema 81 per la cubatura dello spazio chiuso da una volta a croce, cioè fatta di quattro triangoli cilindrici eguali. L'A. espone la regola senza la dimostrazione che dice essere dedotta dai principi della sua geometria: la omette perché troppo lunga, ma si manifesta pronto a darne notizia a chiunque se ne mostrasse voglioso. ... Fu nel problema 47 della Centuria dove il N. A. accennando i diversi metodi per determinare la differenza in longitudine di due luoghi della terra, annunziò la soluzione più perfetta del problema, che aspettavasi dal Galileo, colle seguenti parole: "Intorno a questi modi non starò a dir altro, rimettendomi a quello che la sottigliezza del signor Galileo mio maestro ha inventato circa di questo, per rimediare in particolare ai difetti del primo e secondo modo, lasciando ch'esso arricchisca il Mondo di cosa tanto bella e tanto necessaria, particolarmente alla navigazione". ... Nella Ruota planetaria l'A. si propone lo stesso fine cui intese nella Pratica e nella Appendice, ma seguendo una diversa via. Sostituisce ai computi (ch'egli chiama la via razionale) le costruzioni grafiche e l'uso del compasso, cavando le misure da certe figure in grande a tal uopo preparate. A proposito di quest'opera e d'altre due delle surriferite, credo bene entrare in breve apologia per liberare una cara memoria da taccia non meritata. Fu accusato il Cavalieri d'essersi piegato, almeno in parte, alle dottrine astrologiche (dal Montucla), dopo aver accennato imperfettamente le opere minori del N. A. ... Per l'opposto il Frisi asserì che in detto libro l'A. non tratta se non di argomenti astronomici, geografici e cronologici; ma replicarono in contrario alcuni giornalisti, ed il Fabroni deturpò una pagina della sua bella vita del Cavalieri, caricando su tal punto le tinte anche più dello storico francese. Il Tiraboschi pure nella sua Storia (Edizione di Milano, T. VIII, pag. 383) incolpa il Cavalieri di seguitare in qualche parte i volgari pregiudizi riguardo all'Astrologia giudiziaria. Se ho da dire quello che ne sento, parmi che tanto l'accusa quanto la difesa sieno state in tal congiuntura trattate assai leggermente, senza cioè ben considerare i libri di cui parlavasi... A ragionare pertanto senza esagerazioni né in prò, né in contro, convien riflettere che duplice era ne' tempi andati l'uffizio dell'Astrologo: il primo, di conoscere lo stato del cielo all'epoca di un qualche avvenimento, il secondo, di fabbricare sugli aspetti del cielo in corrispondenza con quell'avvenimento le sue ingannevoli predizioni. Ora il primo di questi uffizii, chi ben considera, non presenta cosa intrinsecamente riprovevole: per verità l'Astrologo con esso dava opera in parte a cosa vana, perché si occupava di varie determinazioni inconcludenti per la vera scienza: ma il metodo col quale ciò faceva era scientifico né più né meno di quello con cui determinava le posizioni dei pianeti. L'infelicità, e dirò anche la nequizia della sua arte, stava nel secondo dei due uffici summentovati. Ciò premesso, nei libri di Cavalieri troverete ch'egli prestossi al primo ufficio, non mai al secondo ...*

- Annotazioni nell'Opera e correttioni degli errori più notabili. È questo un opuscoletto senza data che segue una ristampa di tavole logaritmiche sullo stesso formato della Pratica, della Centuria, del Compendio e dell'Appendice. L'A. raccolse dette quattro opere in un solo grosso volume, e vi fece l'aggiunta del menzionato opuscolo.

- Trigonometria plana et sphaerica linearis et logarithmica. Bononiae, Benatius, 1643. *Quest'operetta era il prontuario di cui continuamente servivasi il grande Domenico Cassini, come appare da due luoghi della sua Theoria motus cometae anni MDCLXIV.*

- Trattalo della sfera, e prattiche per uso di essa, ec. Roma, Mascardi, 1682. *Dall'intero titolo di quest'opera non si cava argomento sufficiente per giudicarla lavoro tutto di mano del Cavalieri o postumo. ... Toccherò di alcune nozioni fisiche, le quali anche al dì d'oggi possono meritare attenzione, almeno dal lato storico. E tra queste pure non parlerò di quelle che il Daviso annuncia apertamente siccome suoi trovati (in particolare due igrometri): né di quelle che asserisce doversi agli studii dei due Principi de Medici. ... L'una ha per oggetto la circolazione continua delle acque che scendendo dalle fonti e dai fiumi vanno al mare, e risalgono ad alimentare le prime scaturigini. Vi si accenna l'esperienza del sifone, ove, stando in un braccio acqua salata, e nell'altro acqua dolce, il livello è più depresso dalla prima banda. Quindi il rialzarsi, secondo l'A., dell'acqua alle sommità dei monti pel giuoco dei tubi comunicanti: ipotesi nella quale è necessario supporre (e qui sta la difficoltà) che l'acqua nel condotto ascendente perda il sale e ritorni acqua dolce. Non si accenna il circolo per l'aria prodotto dalla evaporazione alla superficie del mare, dei laghi e dei fiumi; causa sufficiente, secondo i moderni, a dar ragione del fatto. Cosi pure nel capitolo seguente vedesi chiarissimamente prevenuta l'ipotesi che vorrebbe i vapori vescicolari fatti di tante bolle ove un involucro sferico liquido contenga un'aria più rarefatta dell'ambiente, in modo che la bolla intera si sostenga e s'alzi come una piccola mongolfiera. Solamente l'A. usa la parola fuoco dove i moderni dicono calore. Questa ipotesi, mediante la quale Saussure e Fresnel cercarono assegnare la causa dello stare sospese nell'aria la nebbia e le nubi che poi si convertono in pioggia, fu combattuta da forti obbiezioni; ma non manca tuttora di difensori, né si può negare essere ingegnosissima. Veggasi anche subito dopo, come l'Autore la pensava intorno alla formazione della grandine: quel divisamento fu riprodotto dal Regnault. (Trattenimenti fisici. T. III. Venezia, Coleti, 140, pag. 456.)* .

Alla nota di Piola voglio aggiungere che il vedere l'evaporazione in forma di ampolline di liquido che si sollevano da terra era stato usato molto tempo prima da Roberto Grossatesta (si veda in proposito, A.C. Sparavigna, The four elements in Robert Grosseteste's De Impressionibus Elementorum, arXiv, 11 Gennaio 2013, arXiv:1301.3037.

- Lettera d'argomento idraulico in risposta ad altra del P. Benedetto Castelli - Sta nella raccolta d'autori che trattano del moto delle acque. Firenze, 1723, T. I, pag. 179. Nella quarta edizione di Bologna, 1822, T. III, pag. 207.

- De Echeis, hoc est de Vasis theatralibus de quibus mentionem fecit Vitruvius, lib. V, cap. V. — *Sta nelle Exercit. Vitruv. del Poleni, pag. 283, dell'edizione di Padova,*

1759. Solevano gli antichi, per testimonianza di Vitruvio, oltre il fare i teatri di forma circolare, collocare entro nicchie scavate nel muro certi vasi risonanti, ad uno o più ordini: e tutto ciò per rendere più chiara ed armonica la voce secondaria riflessa dalla rotondità del teatro. Ma nulla sappiamo circa la forma di que' vasi e di quelle celle, né circa le proporzioni degli uni e delle altre rispetto alla grandezza dei teatri. Cavalieri pertanto, che avea tentato di riprodurre lo specchio d'Archimede, si adoperò altresì per indovinare alcun che di quanto rimane qui d'incognito dopo i documenti di Vitruvio. Egli vorrebbe le celle di forma ellittica secondo entrambe le curvature, cioè porzioni di ellissoide aventi un fuoco sul loro davanti, e l'altro al luogo dei recitanti: farebbe poi i vasi di forma iperbolica col fuoco coincidente coll'anzidetto. Mostra che mediante questa od altra costruzione suggerita di poi, la voce rimbalzata uscirebbe all'uditorio di tal maniera che, rinforzandosi per le concordi riflessioni dei molti vasi, riacquisterebbe molto di quanto perdette in intensità nella sua diffusione a distanza. Il celebre Filippo Schiassi, in una Memoria inserita alla pag. 273, Tom. II dei Novi Commentarii Academiae Scientiarum Instituti Bononiensis ricorda l'autorevole voto del Poleni, il quale, dopo aver fatto ragionamento dei diversi tentativi diretti a investigare la forma degli antichi vasi teatrali, qualifica l'ipotesi del Cavalieri per la più probabile.

- Lettera d'ottico argomento al Galileo (11 Marzo 1636). Il Cavalieri cercò indovinare quale fosse la struttura degli specchi ustori degli antichi, e pensò di ricrearli per mezzo di una combinazione di specchi curvi. Ma più tardi pensò potersi ottenere lo stesso intento anche adoperando un solo specchio parabolico: l'esposizione di questo suo divisamento è soggetto della lettera. Pare che il Granduca di Toscana fosse fatto consapevole del nuovo progetto del Cavalieri per ricostruire lo specchio ustorio e che l'incoraggiasse.

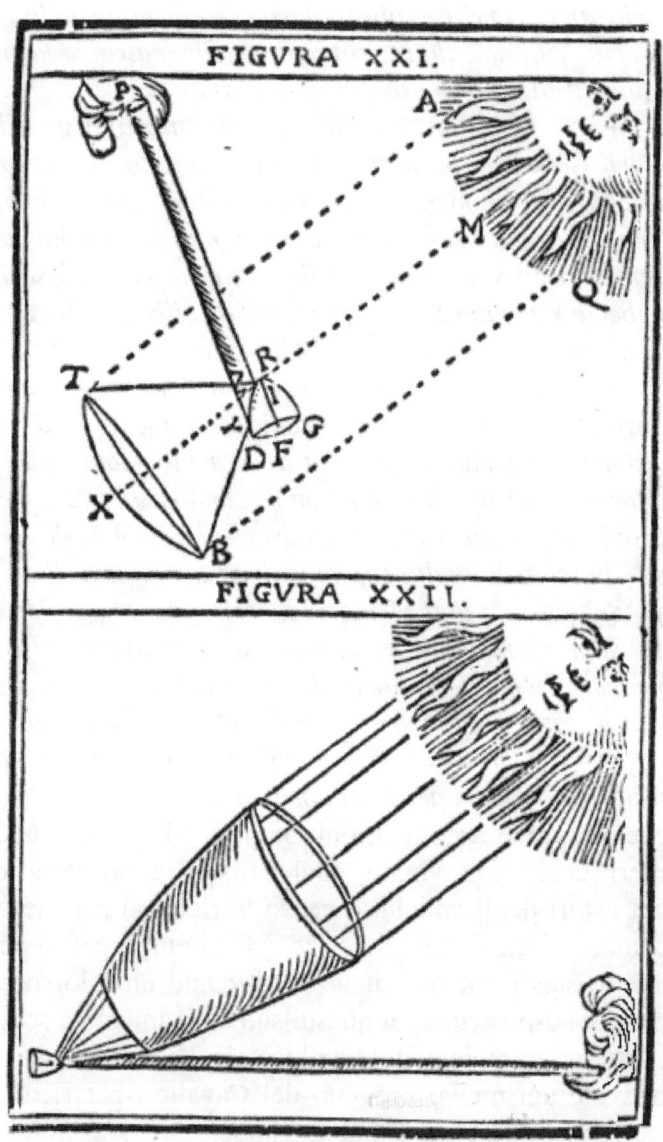

Lo Specchio Ustorio (1632)

Questa opera fu scritta dal Cavalieri quasi a proseguire il lavoro del suo predecessore Magini, sugli specchi sferici. Il libro tratta di specchi parabolici, ellittici e iperbolici.

I Capitoli XXVIII, XXIX, XXX e XXXI sono quelli dove il nostro Geometra discutendo tutto ciò che l' antichità ci tramandò intorno agli specchi di Archimede e di Proclo, e ciò che della sua linea ustoria aveva asserito Gio. Battista Porta, facendone un enigma che non ebbe poi tempo di decifrare; espone il modo da lui immaginato per render credibili le narrate meraviglie. Egli ci dà varii processi per conseguire lo stesso effetto: ma il pensiero ne è un solo, il medesimo che fu già esposto nell'Elogio. È noto che un tal concetto del Cavalieri eccitò l'ammirazione dello stesso Galileo. (Vedi Dialogo I delle Scienze Nuove, pag.26.) Aveva il N. A. preso tanto amore a questo argomento, che ci narra il Ghilini com'egli negli ultimi anni della sua vita stava costruendo praticamente il suo specchio ustorio quale lo avea teoricamente descritto nel Trattato.

Ne' seguenti Capitoli egli previene alcuni fisici trovati, de' quali altri poi si fece onore. Per esempio: già vedemmo espressa chiarissimamente l'idea de' telescopi catadiottrici; nella seguente è descritta in modo esplicito una bella e per allora molto singolare esperienza, eseguita poi più di 30 anni dopo dagli Accademici del Cimento. (Saggi di naturali esperienze. Nona esperienza intorno al ghiaccio naturale, Firenze, 1691.) ... Dei tre Capitoli che trattano del moto ... in essi parlandosi della composizione de' movimenti fu pronunciata per la prima volta la parola indifferenza de' corpi al moto, che venne poi tradotta dal Newton nell' altra di inerzia, avvertendo che per ben intendere il significato di questa seconda fu poi d'uopo tornare a quella prima. ...

Fu nell'ultimo dei detti Capitoli dove venne anticipata la notizia dell'essere una parabola la trajettoria de' projetti nel vuoto. Intorno alle conseguenze di tale pubblicazione, ... (si) consulti il giudizioso articolo inserito dal signor Gottardo Calvi nel T. II, pag. 331 della Rivista Europea, anno 1843.

Qui dirò solo che quand'anche le parole colle quali il Geometra milanese ricordò ivi il Galileo, non fossero riuscite abbastanza esplicite, devesi tener per fermo che ciò accadesse contro il suo stesso pensiero, giacché la rettitudine di sue intenzioni, se non ci venisse altronde assicurata dal conosciuto carattere di lui, ci si renderebbe manifesta pel trovarsi in poche pagine citato il Galileo fino a cinque volte coll'accento più sincero dell'ossequio e della deferenza. Che poi un tal fatto non abbia turbata la costante amicizia fra i due filosofi, già ne dissi alcun che nella Nota (8)....

Nella questione del moto parabolico, c'era di mezzo anche Cesare Marsili, amico di Galileo. Dice Marta Cavazza nel suo articolo su Marsili, Dizionario Biografico degli Italiani, Vol.70, del 2007, "Il carteggio del Marsili con Galileo rappresenta una fonte preziosa per la ricostruzione di vicende cruciali per la storia della scienza moderna, quali il contributo di Galileo alla costruzione del termometro e del telescopio a riflessione, la trattativa per l'attribuzione a Bonaventura Cavalieri della cattedra di matematica e astronomia nello Studio bolognese, i rapporti di Galileo con S. Chiaramonti e soprattutto con G. Keplero. ... Dopo l'arrivo di Cavalieri a Bologna, il Marsili si avvalse del suo contributo nell'opera di prudente promozione delle idee del comune maestro. Seppe però svolgere anche un ruolo di intelligente mediazione in un momento di grave crisi nei rapporti tra Cavalieri e Galileo, sorta all'annuncio della pubblicazione del libro di Cavalieri Lo specchio ustorio (Bologna 1632) sulle proprietà degli specchi sferici, ellittici, parabolici e iperbolici. In una lettera al Marsili, Galileo manifestò con parole molto aspre il sospetto che Cavalieri avesse fatto passare come proprie, idee e dimostrazioni da lui elaborate sul moto in testi giovanili rimasti fino ad allora manoscritti. Informato di queste accuse dal Marsili, Cavalieri si difese chiarendo che nel libro non aveva mai mancato di attribuire a lui e al Castelli la paternità dei concetti alla base delle sue ricerche sugli specchi, in particolare quelle relative al moto parabolico dei proietti.

Anche grazie all'intervento del Marsili, Galileo si convinse della buona fede dell'allievo."

La Postilla matematica di Piola sullo Specchio Ustorio

Tra le postille matematiche che scrive il Piola ho scelto di trattare quella sullo specchio ustorio, che il Piola intitola "Ultimo pensiero di Cavalieri intorno allo Specchio Ustorio", e di chiudere con essa questo libro sull'Elogio di Cavalieri.
Abbiamo già visto come il Cavalieri volesse riprodurre lo specchio di Archimede, prima provando con un sistema di più specchi, ma che poi si era rivolto al costruirne uno di forma parabolica e che il Granduca di Toscana lo incoraggiava nell'opera. Ecco ora che cosa dice Piola nella Postilla III
Ho di già accennato che, dopo le prime ricerche, il nostro Geometra immaginò potersi riprodurre l'apparato ustorio degli antichi impiegando un solo specchio parabolico invece di due. Recherò per intero quello che l'Autore scrisse in proposito in una sua lettera, finora inedita, al Galileo: parendomi interessante, sì per la cosa in sé stessa, sì per la mirabile chiarezza colla quale vi è esposto il concetto. Conviene che il lettore volga l'occhio alla figura 4:.

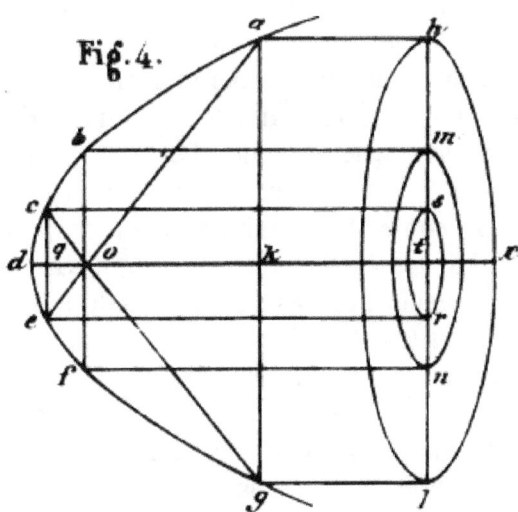

Questa era perduta, ma io ho cercato di ricostruirla tenendo dietro allo scritto. Di seguito alla lettera aggiungerò un breve commento.

(Scrive Cavalieri a Galileo) "Quanto al mio pensiero circa lo specchio: so che quando Ella vi avesse fatto qualche particolare riflessione, facile saria stato indovinare il modo da me pensato, che per appunto parmi ch'ella fosse sulla traccia per ritrovarlo, mentre mi ha accennato che stimava potesse essere uno specchio parabolico, se bene sfondato. Il mio pensiero adunque è tale. Sia nella soproposta figura lo specchio parabolico *adg*, il cui asse *xd*, et foco *o* pochissimo distante dal fondo dello specchio *d*; e per *o* si tiri la *bf* perpendicolare ad *xo*, che termini nella superficie dello specchio in *b , f*. Venghino poi dal sole (verso il cui centro sia indirizzato l'asse *xd*) paralleli al detto asse quanti raggi si vogliono, ma per nostro esempio et intelligenza li due *ha*, *lg*, che incontrino la superficie dello specchio nella bocca, come in *a*, *g*, e li altri due *mb*, *nf* che incontrino li punti *b*, *f*. È dunque manifesto che questi quattro raggi anderanno ad unirsi nel punto *o*, foco del detto specchio, li quali tuttavia qui non si fermeranno, ma passando più oltre, incontreranno di nuovo la superficie del medesimo specchio: come li due *ha*, *lg* che fecero le prime riflessioni in *a*, *g*, faranno le seconde in *e*, *c* e per *er*, *cs* e li due *mb*, *nf* che fecero le prime riflessioni in *b*, *f*, faranno le seconde pure in *b*, *f*, permutatamente, cioè *mb*, in *f*, per *fn*, et *nf*, in *b*, per *bm*, mediante le quali due riflessioni de' raggi si viene ad ottenere quello che fa al nostro proposito, cioè ch'entrando il lume per linea parallela all'asse *xd*, di una tanta grossezza come nella larghezza dell' armilla *hmnl*, esce la medesima quantità di lume nell'ampiezza dell' armilla *msrn*, poiché li raggi per esempio intermedii alli due *ha*, *mb*, mediante la loro seconda reflessione fatta doppo il transito per il foco *o*, usciranno tutti ristretti fra li due *er*, *fn*, riflessi dalla parte dello specchio *ef*, e l' istesso accaderà ai raggi intermedii alli due *lg*, *nf*, che usciranno da *bc* ristretti fra li due *bm*, *cs*, cioè in somma con questo artificio noi stringeremo il lume del sole che entra largo e diradato nello specchio, e nella parte *ab*, *gf*, riducendolo sotto minore spazio, mediante la seconda riflessione fatta dalla parte di esso specchio *bc*, *ef*; e mantenendo i raggi pur paralleli all'asse *xd*. Da questo dunque è manifesto che quanto più vicino sarà il fuoco *o*, al fondo dello specchio (il che porta poi che lo specchio sia sempre più, e più cavo), il lume uscirà sempre più constipato, e per linee parallele all'asse *xd*, sicché potiamo fabricare tale specchio che lo riduca a che strettezza, o sottigliezza vogliamo. Queste cose sono molto conformi alla dottrina del mio specchio ustorio, come ella subito comprenderà, poiché se bene in questa operazione adopero un solo specchio, questo però fa l'offizio di due, quali sono distinti dal cerchio *bf*, imperocchè *abfg* è lo specchio grande, e *bdf* il piccolo, situati in modo che il foco del grande che è *o*, sta unito con il foco del piccolo, che pure è l'istesso o, la quale unione stimo conforme alla struttura insegnata nel mio Libro, invero molto difficile da ottenersi in pratica, siccome a questo modo viene levata per mio credere gran parte di difficoltà. E però vero che in questo modo non posso godere del benefizio della convertibilità dello specchietto *bdf* per abbruciare da ogni banda, ma per rimedio di questo due cose mi sono sovvenute, delle quali non ne ho veramente dimostrazione, ma solo probabile congettura, e se ne deve attendere l'ammaestramento dalla esperienza. La prima è che se bene è vero che le suddette cose si verificano stando l'asse dello specchio indirizzato verso il centro del sole, nondimeno inclinando alquanto lo specchio non si facci sì presto il diradamento del cannoncino di lume, nato dalla seconda riflessione, sicché non conservi anco forza di abbruciare (intorno alla qual cosa li confesso che ho specolato non poco per sapere ch' effetto farebbono li raggi che intrassero obliquamente nello specchio, e non paralleli all'asse, nella seconda riflessione non avendo potuto comprendere per specolativa fin'hora a bastanza il loro effetto, come nè anco nelle altre sezioni coniche), l'altra è che conservando noi l'asse dello specchio verso il centro del sole potressimo nella bocca

di esso specchio opporre all' uscita del cannoncino luminoso un specchietto piano convertibile da ogni banda, che da ogni banda appunto lo potria parimente riflettere, non alterando la grossezza di esso cannoncino, ma in questo ci è da dubitare che volendo adoperare 3 riflessioni non indebolischino tanto il lume, che non sia atto ad abbruciare, nel che mi rimetto all' esperienza.
Questo è quanto posso dire al mio signor Galileo, perché esso ne resti gustato, et insieme servitone il Ser.mo Gran Duca mio Signore. Io dissi forse troppo temerariamente che mi parea cosa bella, ma ora mi correggo rimettendomi al suo sottilissimo giudizio, e vendendogliela, o per dir meglio offerendogliela per quello che vale, e per niente più. Non mi scordo poi di far la prova in piccolo, frattanto mi avvisi per grazia della ricevuta di questa che non vorrei già che andasse a male, e del suo parere da me stimatissimo, facendone parte al Ser.mo Gran Duca, quando sia tornato, e mia scusa per la indisposizione che ho, et insieme in nome mio humilissima riverenza ad essi Ser.mi, che io pertanto desidero a V. S. Ecc.ma compita sanità, li bacio affettuosissimamente le mani. Bologna alli 11 Marzo 1636. "

Piola procede con l'analisi in accordo con la figura, dicendo che *è bene cercare per via d'analisi il rapporto fra l'intensità del lume ch'entra nello specchio nelle condizioni ordinarie e l'intensità del lame costipato nel cannoncino riflesso. Queste due intensità, stante la dimostrazione del Cavalieri più sopra dal medesimo recata, possono ritenersi essere tra loro in ragione inversa delle superficie delle due armille kmnl, msrn: avremo quindi noto quel rapporto, quando conosceremo le espressioni di queste due superficie. ...*
Chiamate ora i,I li intensità della luce naturale e della costipata, avremo per le cose ora trovate che $I = \left(\dfrac{2b}{p}\right)^2 i$

Dove, *b=ak*, *p/4=do* (vedi figura 4). Si veda il calcolo completo nel testo del Piola.

Da questa formula deduciamo subito che tanto maggiore sarà l'intensità della luce nel cannoncino riflesso quanto più aperta sarà la bocca 2b dello specchio, e quanto più piccolo il parametro p della parabola. E siccome in una parabola di minor parametro bisogna percorrere maggior tratto dell'asse per trovare un'ordinata eguale a quella di una parabola di parametro maggiore, si capisce come lo specchio più attivo debba essere il più cavo. ...Non credo poi difficile, mediante gli attuali mezzi d'analisi, indagare che cosa avvenga del cannoncino di luce riflessa quando lo specchio non abbia più l'asse rivolto al sole, ma inclinato alquanto verso l'oggetto che si vuol ardere; se in questo luogo mi dispenso di tale indagine, è perché m'accorgo che mi condurrebbe un po' in lungo. Reputo poi che sarà migliore il secondo dei mezzi proposti dall'autore, cioè lo specchio piano inclinato sull'asse, che devii il cannoncino e lo trasporti verso quella parte ove si vuol produrre l'effetto. E sia pure che questa terza riflessione indebolisca alquanto l'intensità della luce riflessa e costipata, abbiamo però sempre in mano nostra nella formula i due elementi 2 b, p. Possiamo quindi ridurli tali da ingrandire l'intensità I per modo che, calcolata anche la diminuzione che deve subire per l'addotto motivo, abbia ad avanzarne quanto basta per ardere.

Conclusioni

Alcune note dell'Elogio descrivono molto bene la natura del metodo degli indivisibili di Cavalieri. Lo fanno apparire come un metodo geometrico che ha raggiunto una certa autoconsistenza. Le note ci hanno anche mostrato come, anche grazie ad esso, si sia poi sviluppato il calcolo integrale e differenziale. Le note di Piola ci mostrano poi un Cavalieri dedito allo studio della scienza antica ed anche interessato allo sviluppo di applicazioni in campo ingegneristico.

Considerato il luogo e il tempo in cui l'opera è stata composta, l'Elogio di Piola non appare troppo carica di nazionalismo, ma solo di grande ammirazione per questo studioso del XVII secolo.

www.ingramcontent.com/pod-product-compliance
Lightning Source LLC
Chambersburg PA
CBHW072235170526
45158CB00002BA/899